一流本科专业一流本科课程建设系列教材

Web 前端技术

（HTML5 + CSS3 + 响应式设计）

第 2 版

李舒亮　周西柳　编著

机械工业出版社

本书全面详细讲解了 Web 前端的实用技术，以 Web 开发实际应用为驱动，内容循序渐进、案例丰富。全书分为 4 部分共 10 章。第 1 部分是 Web 基础和 HTML 语法，主要讲解 Web 前端技术的基本概念和 HTML 的常用标签；第 2 部分介绍 CSS，主要讲解 CSS 特性、CSS 选择器、CSS 盒模型、浮动、定位、DIV+CSS 布局和 CSS3 新增属性等；第 3 部分介绍响应式 Web 设计，主要讲解视口的概念、媒体查询、弹性布局、网格布局等；第 4 部分是综合应用，以案例的形式，运用前面 3 部分的知识，讲解网站前端开发从设计到实现的全过程。

本书可以作为高等院校本、专科相关专业的 Web 前端技术（网页设计与制作）课程的教材，也可以作为 Web 前端技术的培训教材，是一本适合 Web 前端技术人员入门的参考书。

本书配套有教学 PPT、源代码、作业、测验等。在学银在线有对应的慕课教程，网址为 http：//mooc1. chaoxing. com/course/template60/100578395. html，课程名称为 Web 前端技术（HTML5+CSS3 网页设计与制作）。

图书在版编目（CIP）数据

Web 前端技术：HTML5 + CSS3 + 响应式设计/李舒亮，周西柳编著. —2 版. —北京：机械工业出版社，2023.9（2025.1 重印）
一流本科专业一流本科课程建设系列教材
ISBN 978- 7- 111- 73933- 3

Ⅰ.①W… Ⅱ.①李…②周… Ⅲ.①超文本标记语言-程序设计-高等学校-教材②网页制作工具-高等学校-教材③HTML5④CSS3 Ⅳ.①TP312. 8②TP393. 092. 2

中国国家版本馆 CIP 数据核字（2023）第 185033 号

机械工业出版社（北京市百万庄大街 22 号 邮政编码 100037）
策划编辑：王玉鑫 责任编辑：王玉鑫
责任校对：樊钟英 薄萌钰 封面设计：王 旭
责任印制：常天培
北京机工印刷厂有限公司印刷
2025 年 1 月第 2 版第 3 次印刷
184mm×260mm · 13 印张 · 321 千字
标准书号：ISBN 978-7-111-73933-3
定价：43. 00 元

电话服务 网络服务
客服电话：010-88361066 机 工 官 网：www. cmpbook. com
 010-88379833 机 工 官 博：weibo. com/cmp1952
 010-68326294 金 书 网：www. golden-book. com
封底无防伪标均为盗版 机工教育服务网：www. cmpedu. com

前　言

随着互联网的迅猛发展，人工智能的兴起，前端开发工程师已成为 IT 招聘的重要角色。Web 前端的三大核心技术为 HTML、CSS、JavaScript。由于篇幅和课时原因，本书主要讲解 HTML、CSS 和现在流行的响应式设计技术。

本书全面详细讲解了 Web 前端技术，以 Web 开发实际应用为驱动，内容循序渐进、案例丰富。全书分为 4 部分共 10 章。

第 1 部分是 Web 基础和 HTML 语法，包括第 1、2 章的内容，主要讲解 Web 前端技术的基本概念和 HTML 的常用标签。通过第 1 部分的学习，读者可以制作简单的网页。

第 2 部分是 CSS 语法，包括第 3 ~ 8 章的内容。主要讲解 CSS 特性、CSS 选择器、CSS 盒模型、浮动、定位、DIV + CSS 布局和 CSS3 新增属性等。通过第 2 部分的学习，读者可掌握文字与图像的美化、导航条的制作、表单与表格的美化的方法，能用 DIV + CSS 布局页面等，制作出整齐、美观的网页。

第 3 部分是响应式 Web 设计原理，主要讲解视口的概念、媒体查询的概念，重点介绍弹性布局和网格布局的容器属性和项目属性，以及这两种布局的区别等。通过第 3 部分的学习，读者能制作出适应各类终端设备的网页。

第 4 部分是综合应用，以案例的形式，运用前面 3 部分的知识，讲解 Web 前端从设计到实现的全过程。

本书精选多个例题，所有例题均在谷歌浏览器和 Edge 浏览器中测试通过，因为浏览器对 CSS3 属性的支持性不同，建议读者安装新版的谷歌浏览器，同时把 IE 升级为 Edge。

本书配套资源丰富，包括教学 PPT、源代码、作业、测验等。在学银在线有对应的慕课教程，网址为 http://mooc1. chaoxing. com/course/template60/100578395. html，课程名称为 Web 前端技术（HTML5 + CSS3 网页设计与制作）。因篇幅原因，书中个别案例程序请在本书配套资源"源代码"中查找。

本书第 1、2、7 ~ 10 章由李舒亮编写，第 3 ~ 6 章由周西柳编写。

愿本书对读者学习 Web 前端技术有所帮助，书中难免有不足之处，真诚地欢迎读者批评指正，相互交流，共同学习进步。

编　者

目　录

第1章

Web前端技术概述

在学习 Web 前端技术之前，需要了解一些与之相关的互联网知识、浏览器知识，这样有助于读者更好地学习后面章节的内容。

📝学习目标

1. 了解 Web 前端技术的发展历史
2. 掌握常用 Web 术语
3. 理解 Web 2.0 标准
4. 掌握常见浏览器的种类

1.1 Web 前端开发技术的发展

1.1.1 Web 1.0 时代

1994 年美国的 Netscape 公司推出第一款浏览器 Navigator，标志着 Web 1.0 时代的到来。当时的网站内容以文字和图片为主，主要是静态页面的展示，与用户的交互并不多。这个时代前端的代表技术主要是 HTML 4.01，CSS 2.0，ECMA 4.0，以前的"网页三剑客 Dreamweaver + Fireworks + Flash"组合，就是 Web 1.0 时代的产物。Web 1.0 只解决了人对信息搜索、聚合的需求，而没有解决人与人之间沟通、互动和参与的需求。

1.1.2 Web 2.0 时代

从 2005 年开始，互联网进入 Web 2.0 时代，网页加入了音频、视频等元素，使得页面的内容变得绚丽丰富。同时 Web 2.0 注重用户交互性，用户既是信息的浏览者，也是信息的制造者。社交网络、电子商务的兴起都是 Web 2.0 时代的特征。在 Web 2.0 时代最具代表性的前端技术莫过于 HTML5 + CSS3 和 ES6。

在 Web 中的应用，前端开发还触及其他相当多的领域，包括移动应用开发、微信小程序等。此外，在一些新兴领域，如智能设备、智能医疗、计算机视觉、大数据等，前端技术都占有一席之地。

总的来说，前端开发就是负责内容的呈现和与用户的交互。近年来，前端技术发展很快，各种框架不断出现，但 Web 前端技术核心仍旧是 HTML、CSS、JavaScript。本书主要讲解 HTML5、CSS3 和响应式设计原理这 3 项技术。

教你一招：构成网页的元素有文字、图像、动画、音频、视频等，其中文字是最主要的元素。用浏览器打开某个网页→单击鼠标右键→单击"查看页面源代码"选项，可以知道该网页的结构代码，而这些代码由浏览器解析执行。

1.2 Web 术语

在学习 Web 前端技术之前，先来了解一些 Web 术语。

1. Internet

Internet 就是通常所说的互联网，是指世界各地的广域网、局域网及单机按照一定的通信协议，通过光纤、电缆、路由器等设备连接成的国际计算机网络。

Internet 的两大主要功能：其一，通信，使用电子邮件通信，速度快，费用低，特别适合通信量大的用户使用；其二，信息双向交流，Telnet、FTP、Gopher、News、WWW 都是 Internet 检索和发送信息的良好工具。特别是 WWW，能够以超文本链接和多媒体的方式展示信息，成为当今 Internet 最主要的功能。

2. WWW

WWW（World Wide Web）的含义是"环球信息网"，简称"万维网"，是一个基于超文本（Hypertext）方式的信息检索工具，是 Internet 提供的主要功能之一。由于超文本机制能将世界范围内 Internet 上不同地点的相关信息有机地链接在一起，并以图文声等多媒体的方式展示信息，使 WWW 成为非常友好且有效的信息检索工具。与 WWW 相关的名词是 Home Page（主页），指某 WWW 站点的进入点或用 HTML 编写的用于展示信息的主页，主页的名称默认为 default.html、default.jsp、default.php 或 index.html、index.jsp、index.php。

3. URL

URL（Uniform Resource Locator，统一资源定位符）用来唯一地标识互联网上的某种资源，简称网址。URL 可以是"本地磁盘"文件，也可以是局域网上的某一台计算机中的资源，更多的是 Internet 上的站点。URL 的一般格式为：

协议名://域名或IP [:端口号][/文件夹名/文件名]

协议名一般有 http（超文本传输协议，用于传送网页）、ftp（文件传输协议，用于传送文件）。例如 http://www.xyc.edu.cn/ index.php，表示信息存放在 WWW 服务器上，xyc.edu.cn 是一个已被注册的域名，index.php 是该站点下的主页文件，这个 URL 将带用户访问该网站。

4. DNS

1）IP 地址：每个连接到 Internet 上的主机都会被分配一个 IP 地址，IP 地址是用来唯一标识互联网上计算机的逻辑地址，机器之间的访问就是通过 IP 地址来进行的。IP 地址经常被写成十进制的形式，用"."分开，例如，百度的 IP 地址为 202.108.22.5。

2）域名：IP 地址毕竟是数字标识，使用时不好记忆和书写，因此在 IP 地址的基础上又发展出一种符号化的地址方案，来代替数字型的 IP 地址。每一个符号化的地址都与特定的 IP 地址对应。这个与网络上的数字型 IP 地址相对应的字符型地址就被称为域名。目前，域名已经成为互联网品牌、网上商标保护必备的要素之一，除了具有识别功能外，还有引导、宣传等作用。例如，百度的域名为 baidu.com。

3）DNS：在 Internet 上，域名与 IP 地址之间是一对一（或者多对一）的，域名虽然便于人们记忆，但机器之间只认识 IP 地址，它们之间的转换工作称为域名解析。域名解析需要由专门的域名解析服务器来完成，DNS 就是进行域名解析的服务器。域名的最终指向是 IP 地址，例如，我们上网时输入的网址 www.baidu.com 经过 DNS 服务器解析成 202.108.22.5，根据 IP 地址与相应的主机建立连接，访问相应的网站。

5. HTTP

HTTP（HyperText Transfer Protocol，超文本传输协议）是互联网上应用非常广泛的一种网络协议，主要被用于在 Web 浏览器和网站服务器之间传递信息，它是基于 TCP/IP 来传递数据（HTML 文件、图片文件、查询结果等）的协议，默认使用 80 端口。HTTP 工作于客户端—服务端架构上。浏览器作为 HTTP 客户端通过 URL 向 HTTP 服务端即 Web 服务器发送所有请求，Web 服务器根据接收到的请求向客户端发送响应信息。

6. Web

Web 本意是网页的意思。对于网站开发者来说，它是一系列技术的复合总称（包括网站的前端、后台程序开发，美工，数据库开发等）。Web 就是一种超文本信息系统，Web 的一个主要的概念就是超文本链接，它使得文本不再像一本书一样是固定的、线性的，而是可以从一个位置跳到另外的位置。用户可以从中获取更多的信息。用户想要了解某一个主题的内容，只要在这个主题上单击一下，就可以跳转到包含这一主题的文档上。正是这种多链接性，人们才把它称为 Web。

7. W3C

W3C（World Wide Web Consortium，万维网联盟）是 Web 技术领域非常具有权威性和影响力的国际中立性技术标准机构之一，创建于 1994 年。到目前为止，W3C 已发布了 200 多项影响深远的 Web 技术标准及实施指南。这些标准包括 CSS、DOM、HTML、HTTP、XML 等。W3C 非常重要的工作是发展 Web 规范，制定 Web 标准。

1.3　Web 标准

1.3.1　什么是 Web 标准

Web 标准并不是某一个标准，而是一系列标准的集合。Web 标准包括结构（Structure）标准、表现（Presentation）标准和行为（Behavior）标准，具体如下。

结构标准：用 HTML 搭建网页的元素。

表现标准：用 CSS 来表现网页元素的外观样式。

行为标准：用 JavaScript 来实现网页元素的交互活动。

以人来比喻：人的骨骼相当于"结构"，衣服、鞋、帽相当于"表现"，行走、奔跑相当于"行为"。

基于 Web 标准的网页制作就是将网页的这 3 个组成部分独立成文件，再以某种形式组合在一起，对其中一个文件的修改不会影响其他两个文件。

1.3.2　Web 标准的优势

◇ 易于维护：只需更改 CSS 文件就可以改变网站的风格。

◇ 页面响应快：HTML 文档体积小，响应时间短。

◇ 可访问性：结构和表现相分离的 HTML 编写的网页文件，更容易被屏幕阅读器识别。

◇ 设备兼容性：不同的样式表可以让网页在不同的设备上呈现不同的样式。

◇ 搜索引擎：语义化的 HTML 能更容易被搜索引擎解析，提升排名。

因此，开发制作出来的页面尽量符合 Web 2.0 标准。

1.4 浏览器的种类与市场份额

网页文件是由浏览器来解析执行的。通过浏览器的解析渲染，用户才能看到图文并茂、排列整齐美观的页面。

浏览器的核心是它的内核，内核又可以分成两部分：渲染引擎和 JS 引擎。渲染引擎主要是对 HTML、CSS 等进行解析、渲染网页，将代码转换为所看到的页面。不同的浏览器内核对网页的语法解释也稍有不同，下面我们来对市面上常见的浏览器作介绍。

1.4.1 浏览器的种类

1. IE 浏览器

IE 浏览器的全称是 Internet Explorer，由微软公司推出，直接绑定在 Windows 操作系统中。IE 10 以前的版本，内核为 Trident，最新的 Edge 浏览器内核为 Chromium，它的 CSS 私有前缀为 – ms – 。

2. 谷歌浏览器

Google Chrome 又称谷歌浏览器，是由 Google（谷歌）公司开发的开放源代码的网页浏览器。早先使用的内核为 Webkit，现在使用的内核为 Webkit 下的一个分支 Blink，它的 CSS 私有前缀为 – webkit – 。

3. Safari 浏览器

2003 年，苹果公司在苹果手机上开发了 Safari 浏览器，利用自己得天独厚的手机市场份额使 Safari 浏览器迅速成为世界主流浏览器。Safari 使用 Webkit 内核，它的 CSS 私有前缀为 – webkit – 。

4. Firefox 浏览器

Firefox 浏览器是 Mozilla 公司旗下的浏览器。Mozilla 基金会是一个非营利组织，其在 2004 年推出自己的浏览器 Firefox（火狐）。Firefox 采用 Gecko 作为内核，CSS 前缀为 – moz – 。

国内的浏览器厂商多数采用双内核，可以自动或手动切换显示模式。

搜狗浏览器：兼容模式（IE：Trident）和高速模式（Webkit）。

傲游浏览器：兼容模式（IE：Trident）和高速模式（Webkit）。

QQ 浏览器：普通模式（IE：Trident）和极速模式（Webkit）。

360 极速浏览器：基于谷歌（Chromium）和 IE 内核。

360 安全浏览器：IE 内核。

1.4.2 浏览器的市场份额

数据统计网站 statcounter 发布了 2023 年 1 月全球浏览器的市场占有率，如图 1-1 所示。

图 1-1　2023 年 1 月全球浏览器的市场占有率

从图 1-1 中可以看出，Chrome 浏览器占据大部分的市场份额，而 Safari 浏览器的市场份额增长也比较快。国内用户不少是用双核浏览器，这就要求我们制作出来的网页至少要在 Chrome 和 IE 这两类浏览器中显示相同的效果。

1.5　前端开发工具

前端的开发工具很多，本节简单介绍常用的几种。

1. HBuilderX

HBuilderX 简称 HX。HBuilderX 的主体由 Java 编写，它基于 Eclipse，所以自然地兼容了 Eclipse 的插件。快是 HBuilderX 的最大优势，通过完整的语法提示和代码输入法、代码块等，大幅提升 HTML、JavaScript、CSS 的开发效率。

2. Sublime Text

Sublime Text 是一款先进的代码本编辑器，具有漂亮的用户界面和强大的功能，如代码缩略图、Python 的插件、代码段等。它还可自定义键绑定菜单和工具栏。Sublime Text 的主要功能包括拼写检查、书签、完整的 Python API、Goto、即时项目切换、多项目选择、多窗口等。Sublime Text 是一款跨平台的编辑器，同时支持 Windows、Linux、Mac OS X 等操作系统。

3. WebStorm

WebStorm 是 JetBrains 公司旗下一款 JavaScript 开发工具，是一个适用于 JavaScript 和相关技术的集成开发环境。与 IntelliJ IDEA 同源，继承了 IntelliJ IDEA 强大的 JS 部分的功能。

4. Visual Studio Code

Visual Studio Code 是微软推出的免费跨平台编辑器，简称 VS Code/VSC，是一款免费开源的现代化轻量级代码编辑器，支持几乎所有主流的开发语言的语法高亮、智能代码补全、自定义热键、括号匹配、代码片段、代码对比 Diff、GIT 等特性，支持插件扩展，并针对网页开发和云端应用开发做了优化。软件跨平台支持 Windows、Mac OS X 及 Linux，运行流畅。

以上开发工具，各有自己的优势，使用哪种，根据爱好习惯选择。本书采用了 HBuilderX，本书所有的代码都是在 HBuilderX 上调试完成。

本章小结

本章首先介绍了 Web 前端技术演变的历史，接着介绍常用的 Web 术语，然后讲述了网页制作要遵循的 Web 2.0 标准，最后介绍了常用浏览器的分类和前端常用的开发工具。本章的重点和难点是对 Web 标准的理解，后面学习都将围绕它展开。

【动手实践】

1. 在自己的计算机上安装最新版 Chrome 浏览器和 Edge 浏览器。

2. 在浏览器的地址栏中输入 202.108.22.5 和 www.baidu.com，查看是否打开的是同一个页面。理解 IP 和域名的关系。

3. 打开淘宝网，查看页面由哪些元素构成？单击链接后观察地址栏有什么变化。

【思考题】

1. 什么是 Web 标准？

2. 你常用的浏览器是什么？它的内核是什么？

3. Web3.0 正在兴起，查阅资料，了解 Web3.0。

Web3.0简述

第2章

HTML5语法基础

网页是由文字、图像、音频、视频等元素构成的，那么这些元素是如何组织的？这就需要学习 HTML5。

✎学习目标

1. 了解 HTML 的作用、文档结构和语法规范
2. 掌握 HTML 常用标签的功能和使用方法
3. 能合理运用各类 HTML 标签标记网页元素

2.1 HTML 概述

2.1.1 HTML 简介

HTML（Hypertext Marked Language，超文本标签语言）是一种用来标记超文本文档的标记语言，是 Internet 中的所有网站共同的语言，网页都是以 HTML 格式的文件为基础的，再加上其他语言工具（如 JavaScript 等）构成。用 HTML 编写的超文本文档称为 HTML 文档，可供浏览器解释、浏览、执行，它能独立于各种操作系统平台。

网页中的各种元素，如文字、图像、视频、音频、链接等，由 HTML 提供的标签进行标记，浏览器解析这些标签，再把它们呈现出来。HTML 提供了一套完整的标签。

HTML5 是 HTML 的最新版本，它比原来的 HTML4 增加了一些新的标签，更标准化，更适合移动互联网。

2.1.2 标签

HTML 标签是组成 HTML 文档的元素，每一个标签都描述了一个功能。HTML 标签包括一对尖括号，一般成对出现。

标签可分为单标签、双标签两种。

1）单标签：只需单独使用就能完整地表达意思，这类标签的语法是：

<标签名称 />

最常用的单标签是 < br / >，它表示换行。

2）双标签：它由"开始标签"和"结束标签"两部分构成，必须成对使用。其中，开始标签告诉浏览器从此处开始执行该标签所表示的功能，而结束标签告诉浏览器在这里结束该功能。开始标签前加一个斜杠（/）即成为结束标签。这类标签的语法是：

<开始标签 >内容 < /结束标签 >

其中，"内容"部分就是被标记的网页元素。

例如，< h2 >春天< /h2 >，< h2 >表示浏览器将用标题 2 解析"春天"，< /h2 >表示

解析到此结束。

2.1.3　标签属性

为了增强标签的功能，许多单标签或双标签的开始标签内可以包含一些属性，其语法是：

< 标签名称　属性 1 = "属性值 1"　属性 2 = "属性值 2"　属性 3 = "属性值 3"…>

各属性之间无先后次序，以空格分隔，属性值应该被包含在引号中，可以是单引号，也可以是双引号，一般来说是外单内双，或外双内单，比如下面的例子就是外单内双。

比如：name = 'John " ShotGun" Nelson'。

 注意：本书所使用的符号都是英文状态下的半角符号。

常用的属性有 align、width、height、href、url、src、type 等。

在 Web 标准中，文档结构和表现是分离的，标签属性的功能由 CSS 样式取代，所以除去必要的属性，一般情况下标签不加属性。

2.1.4　注释语句

语法格式：

< ! -- 　注释文　 -- >

说明：

"< ! --"：表示注释开始。

"-- >"：表示注释结束，中间的所有内容表示注释文。

注释语句可以放在文档的任何地方，注释内容不在浏览器中显示，仅供设计人员阅读方便。初学编程就要养成"先写注释，再写代码"的习惯。

2.1.5　文档的结构

HTML 文档分为文档头和文档体两部分，头部信息包含在一对标签 < head > </head > 之间，在这里对文档进行了一些必要的定义和说明，比如定义文档的编码、关键字、描述等信息，导入样式文件和其他链接的文件等，它们不会在浏览器窗口显示出来。文档体由 < body > </body > 标签组成，标签之间的内容将会被浏览器窗口呈现。

HTML 文档结构图如图 2-1 所示。

< html > 标签为根标签，其他所有标签都包含在这对标签中，即 < html > 表示 HTML 文档的开始，</html > 表示 HTML 文档的结束。

HTML 文档应遵循以下的语法规则：

1）HTML 文件以纯文本形式保存，扩展名为 "＊. htm" 或 "＊. html"。

2）HTML 标签不区分大小写，建议用小写。

3）HTML 标签可以嵌套、并列，但不可以交叉。

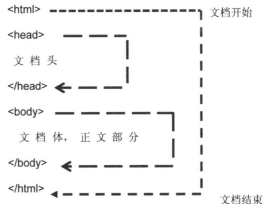

图 2-1　HTML 文档结构图

4）HTML 文件一行可以写多个标签，一个标签也可以分多行书写，不用任何续行符号。

 提示：HTML5 文档要在最前面加声明语句：<!DOCTYPE HTML >。声明文档类型为 HTML5 文件，且必须放在文档的第一行。

在 HTML 中主要学习标签的使用。HTML 提供的标签很多，我们整理出一些常用的标签分类进行介绍。

2.2　头部标签

2.2.1　< head > < /head >

该标签出现在文件的起始部分，标签内的内容不在浏览器中显示，其他所有的头部内标签都要包含在这对标签中间，头部类的标签主要用来说明页面标题、作者、关键词及内容描述等。

2.2.2　< title > < /title >

语法格式：< title >网页标题< /title >

说明：网页标题是提示网页内容和功能的文字，它将出现在浏览器的标题栏中。

例如，< title >淘宝网-淘！我喜欢< /title >定义了淘宝网首页的标题。

2.2.3　< meta / >

< meta / >标签用于定义页面的基本信息，可重复出现在< head >头部标签中，它是一个单标签。< meta / >标签本身不包含任何内容，通过"名称/值"的形式，成对的使用，定义页面的相关参数，例如网页的关键字、内容描述、页面的字符编码、页面刷新时间等。

1. 名称/值 1

语法格式：< meta name = "名称" content = "值" />

例 1：设置网页关键字。

< meta name = "keywords" content = "新余学院,普通高等院校" />

例 2：设置网页描述。

< meta name = "description" content = "以理工科为主的地方院校"/>

例 3：设置网页作者。

< meta name = "author" content = "新余学院宣传部" />

2. 名称/值 2

语法格式：< meta http – equiv = "名称" content = "值" />

例 1：设置字符集。

< meta http – equiv = "Content – Type" content = "text/html; charset = utf –8" />

定义了网页的字符编码为 utf-8。

例 2：设置页面自动刷新与跳转。

```
<meta http-equiv = "refresh" content = "10; url =http://www.xyc.edu.cn" />
```

定义网页隔 10 秒自动跳转到 http://www.xyc.edu.cn。

头部标签中常用的还有一个 link 标签，我们在后面的 CSS 文件中介绍。

2.3 文本类标签

2.3.1 文本定义

1. 主体标签

语法格式：<body></body>

该标签表示 HTML 文档的主体部分，网页正文中的所有内容，包括文字、表格、图像、声音和动画等，都包含在这对标签之间。

2. 文章标题标签

一般文章都有标题、副标题、章和节等结构，HTML 也提供了相应的标题标签 <hn>，其中 n 为标题的等级。HTML 总共提供 6 个等级的标题，n 越小，标题字号越大。以下案例列出了部分等级的标题。可以跟的属性有 align 等，align 表示对齐方式，取值有 left、middle、right，默认值为 left。

网页标题的运用和文章标题的运用同理，文章标题用 h1，章用 h2，节用 h3，依此类推。

demo2-1.html：

```
<body>
<h1>第 2 章 HTML5 语法基础</h1>
<h2>2.1 html 概述</h2>
<h3>2.1.1 html 简介</h3>
</body>
```

效果如图 2-2 所示，标题默认样式为黑色、加粗、左对齐，一行显示。

3. 段落标签

语法格式：<p>段落文字</p>

第2章 HTML5语法基础

2.1 html概述

2.1.1 html简介

图 2-2 标题样式

说明：<p>标签用来创建一个段落，在标签之间的文本将按照段落的格式显示在浏览器上。浏览器对段落标签默认解析是有段前和段后间距。可以加的属性有 align 等。

demo2-2.html：

```
<body>
<h1 align = "center">宋词</h1>
<h2 align = "center">浣 溪 沙</h2>
<p align = "center">
一曲新词酒一杯，去年天气旧亭台。夕阳西下几时回？
无可奈何花落去，似曾相识燕归来。小园香径独徘徊。</p>
</body>
```

效果如图 2-3 所示。

宋词

浣溪沙

一曲新词酒一杯，去年天气旧亭台。夕阳西下几时回？无可奈何花落去，似曾相识燕归来。小园香径独徘徊。

图 2-3　段落样式

我们注意到，浏览器默认解析时忽略回车键和空格符号，在 HTML 文档中实现换行要用到换行标签。

4. 换行标签

语法格式：< br / >

当需要结束一行，并且不想开始新段落时，使用 < br / > 标签。< br / > 标签不管放在什么位置都能够强制换行。它是单标签。

5. 水平线标签

语法格式：< hr / >

功能：水平线标签，单标签。默认水平线为灰色，可以跟 width、color 等属性。
说明：用于页面上内容的分割，表示一个主题结束。

2.3.2　文本格式化

文本格式化标签主要是对页面文字进行格式化，如设置加粗、倾斜等效果，见表 2-1。

表 2-1　文本格式化标签

标签语法格式	功能描述
< b > 文本 < /b >	加粗文本
< strong > 文本 < /strong >	加粗文本，和 < b > 相比有强调的作用
< em > 文本 < /em >	倾斜文本
< i > 文本 < /i >	倾斜文本，和 < em > 相比有强调的作用
< u > 文本 < /u >	给文本加下画线
< del > 文本 < /del >	给文本加删除线
< ins > 文本 < /ins >	定义要插入文字
< small > 文本 < /small >	文本的字体变小一号
< sup > 文本 < /sup >	定义上标文字
< sub > 文本 < /sub >	定于下标文字
< pre > 预格式化文本 < /pre >	保留文本中的空格、空行和换行，可以精简代码

demo2-3. html：

```
< body >
    < h2 align = "center" > < u > 月下独酌 < /u > < /h2 >
    < h3 align = "center" > 李白 < /h3 >
  < p align = "center" >
    < strong > 花间 < /strong > 一壶酒,独酌无相亲。 < /br >
```

```
举杯邀明月,<b>对影成三人。</b></br>
月既不解饮,影徒随我身。</br>
暂伴月将影,行乐须及春。</br>
<em>我歌月徘徊,我舞影零乱。</em></br>
<i>醒时同交欢,醉后各分散。</i></br>
永结无情游,相期邈云汉。
</p>
<hr width = "50%" color = "green" />
<h2 align = "center">山居秋暝</h2>
<h3 align = "center"><ins>唐朝</ins>王维
</h3>
<pre align = "center">
空<sub>山</sub>新<sup>雨</sup>后,天气
晚来秋。
<del>明月松间照,清泉石上流。</del>

<small>竹喧归浣女,莲动下渔舟。</small>
随意春芳歇,王孙自可留。
</pre></body>
```

文本格式化标签案例 demo2-3. html,效果如图 2-4 所示,第二首诗用了 <pre> 标签,则该标签之间的空行、换行都被浏览器保留了。

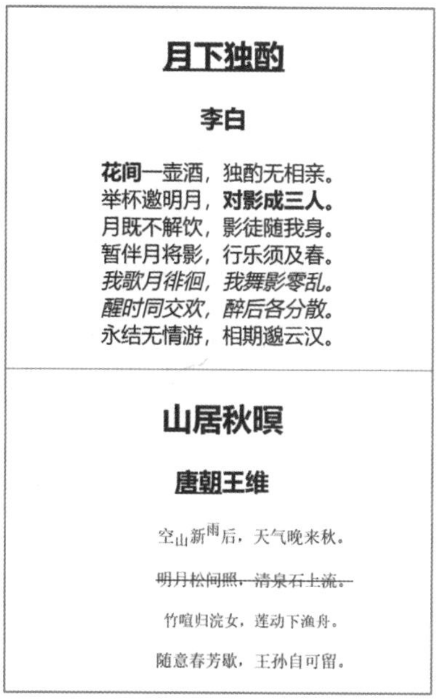

图 2-4 文本格式化效果

2.4 列表标签

列表分为无序列表、有序列表和自定义列表 3 种。

2.4.1 无序列表

语法格式:
```
<ul>
 <li>列表项目1</li>
 <li>列表项目2</li>
 …
</ul>
```

无序列表（Unordered List）是一个没有特定顺序的列表项的集合。在无序列表中,各个列表项之间是并列关系,没有先后顺序之分。常用的属性是 type,默认黑色圆点,可以取值为 disc、circle、square 等,不建议使用。

2.4.2 有序列表

语法格式:
```
<ol>
 <li>列表项目</li>
 <li>列表项目</li>
 …
</ol>
```

　　有序列表（Ordered List）是一个有特定顺序的列表项的集合。在有序列表中，各个列表项有先后顺序之分，常用的属性是 type，默认数字，可以取值为 1、A、a、Ⅰ（不建议使用）。

　　列表还可以嵌套使用，也就是一个列表中还可以包含多层子列表。嵌套列表可以是无序列表的嵌套，也可以是有序列表的嵌套，还可以是有序列表和无序列表的混合嵌套，如以下代码。

　　demo2-4. html：

```
<body>
<ol>
<li>数学与计算机学院
    <ul>
       <li>计算机科学与技术</li>
       <li>大数据科学</li>
       <li>软件工程</li>
       <li>人工智能</li>
    </ul>
</li>
<li>外语学院</li>
<li>机械学院</li>
</ol>
</body>
```

　　效果如图 2-5 所示。

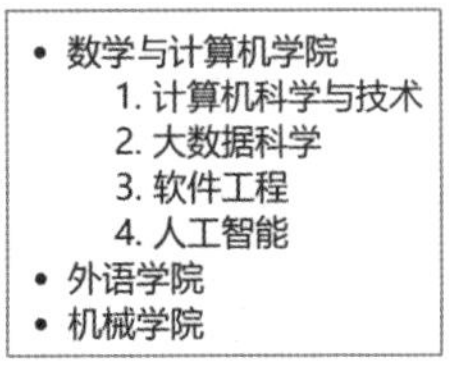

```
• 数学与计算机学院
    1. 计算机科学与技术
    2. 大数据科学
    3. 软件工程
    4. 人工智能
• 外语学院
• 机械学院
```

图 2-5　列表嵌套

2.4.3　自定义列表

　　语法格式：

```
<dl>
    <dt>列表项</dt>
      <dd>列表项解析</dd>
      <dd>列表项解析</dd>
    <dt>列表项</dt>
      <dd>列表项解析</dd>
      <dd>列表项解析</dd>
    …
</dl>
```

　　自定义列表的每一项前既没有项目符号，也没有编号，它通过缩进的形式使内容层次清晰。

　　1）<dl></dl>标签用来创建自定义列表。

　　2）<dt></dt>标签用来创建列表中的列表项，此标签只能在<dl></dl>标签中使用。显示时，<dt></dt>标签定义的内容将左对齐。

　　3）<dd></dd>标签用来创建对列表项的解析，此标签只能在<dl></dl>标签中使用。显示时<dd></dd>标签之间的内容将相对于<dt></dt>标签定义的内容向右缩进。解析项的内容可以是文字、段落、图片等。

demo2-5. html：

```
<body>
    <dl>
        <dt>苹果</dt>
            <dd>一种低热量的水果</dd>
        <dt>香蕉</dt>
            <dd>
                <p>含K丰富的水果</p>
            </dd>
        <dt>葡萄</dt>
            <dd>是一种含糖量高的水果</dd>
    </dl>
</body>
```

效果如图2-6所示。

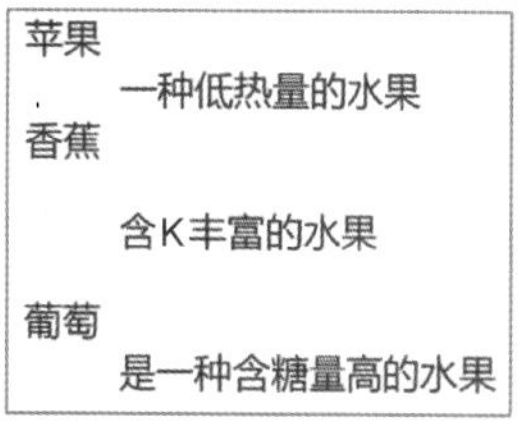

```
┌──────────────────────┐
│ 苹果                   │
│       一种低热量的水果   │
│ 香蕉                   │
│                       │
│       含K丰富的水果     │
│                       │
│ 葡萄                   │
│       是一种含糖量高的水果 │
└──────────────────────┘
```

图2-6　自定义列表

2.5　表格标签

表格可以将文本和图像按一定的行和列规则进行排列。表格由行和列构成，行和列构成单元格。

语法格式：
```
<table>
  <tr>
  <td>表项1</td><td>表项2</td>…<td>表项n</td>
  </tr>
  …
</table>
```

<tr></tr>标签用来创建表格中的一行，<td></td>标签用来创建行中的一列，每一列相当于一个单元格，内容只能写在单元格中，<td>创建的单元格也称标准单元格。表格中还常使用一些其他的标签：

1）<thead></thead>标签定义表格的头部结构。

2）<tbody></tbody>标签定义表格的主体。

3）<th></th>标签定义表格的表头，也称表头单元格，其中的文本以粗体显示，居中对齐。

4）<caption></caption>标签定义表格的标题，标题居中对齐。

常用属性说明：

1）border：设置表格线的宽度（粗细），单位为像素数，n=0为默认值，表示无边框。

2）width：设置表格宽度，取值为像素或相对于窗口的百分比。

3）height：设置表格高度，取值为像素或相对于宽度的百分比。

4）cellspacing：设置单元格的间隙，取值为0，则为细线表格。

5）colspan：设置单元格可横跨的列数，colspan="2"，表示合并同行的相邻两个单元格。

6）rowspan：设置单元格可横跨的行数，rowspan = "2"，表示合并同列的相邻两个单元格。

demo2-6. html：

```
<body>
    <table border='1px' cellspacing="0" width="40%">
        <caption>课程表</caption>
        <thead>
            <tr>
                <th>时间</th>
                <th>星期一</th>
                <th>星期二</th>
                <th>星期三</th>
            </tr>
        </thead>
        <tbody>
            <tr align="center">
                <!-- 向下合并相邻的两行 -->
                <td rowspan="2">上午</td>
                <td>外语</td>
                <td>数学</td>
                <td>体育</td>
            </tr>
            <tr align="center">
                <td>外语</td>
                <td>数学</td>
                <td>体育</td>
            </tr>
            <tr align="center">
                <!-- 合并相邻的4列 -->
                <td colspan="4">午休</td>
            </tr>
            <tr align="center">
                <td>下午</td>
                <td>外语</td>
                <td>数学</td>
                <td>体育</td>
            </tr>
        </tbody>
    </table>
</body>
```

效果如图2-7所示。

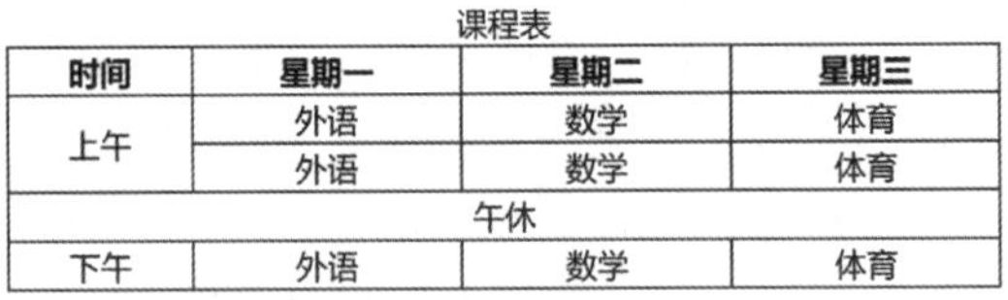

课程表			
时间	星期一	星期二	星期三
上午	外语	数学	体育
	外语	数学	体育
午休			
下午	外语	数学	体育

图 2-7　表格效果图

2.6　多媒体类标签

2.6.1　图像标签

语法格式：< img src = "image - url"　alt = "替代文字" title = "提示文字" >

功能：在当前位置插入图像，单标签。

属性：

1）src：必要属性，设置源图像文件的 URL 地址。

2）alt：图片不能正确显示时的提示文字，非必要属性。

3）title：鼠标指针移到图片上的提示文字，非必要属性。

网页中常用的图像格式为 GIF、JPG、PNG 和 WebP。

1）GIF 格式。GIF 格式的图片是矢量图，由点、线组成。它支持动画，支持透明（全透明或全不透明），文件较小。同时，GIF 也是一种无损的图像格式，也就是说，修改图片之后，图片质量几乎没有损失。因此 GIF 很适合在互联网上使用，但 GIF 只能处理 256 种颜色。在网页制作中，GIF 格式常常用于 Logo、小图标及其他色彩相对单一的图像。

2）JPG 格式。JPG 格式的图片是像素图，由像素点组成，所以可以呈现丰富色彩的图像，如照片、油画、广告图等。但是 JPG 是一种有损压缩的图像格式，这就意味着每修改一次图片都会造成一些图像数据的丢失。另外，文件较大。

3）PNG 格式。相对于 GIF，PNG 最大的优势是文件更小，支持 Alpha 透明（全透明、半透明、全不透明），并且颜色过渡更平滑，但 PNG 不支持动画。它是 Fireworks 的默认图像格式。

4）WebP 格式。WebP 是谷歌推出的适合 Web 使用的图像格式，同时提供了有损压缩与无损压缩，在保持同样质量的情况下，WebP 格式无损压缩比 PNG 格式小 26%，有损压缩比 JPG 格式小 25% ~ 34%，且支持透明度和动画。

例如，demo2-7. html，把 demo2-3. html 中 < hr > 标签换成图像，< img src = "img/73. gif" alt = "aaa" title = 'bbb' >，再加上背景图，网页就变得绚丽起来，如图 2-8 所示。

网页中图像的使用要遵循一定的原则。

1）图像要和内容相关联，使用图像是为了高效的传播信息，不要把无关的图像放入网页中，图像与文字要合理布局，色彩相宜，最好能一图胜千言。

2）如果要用背景图，最好选用淡色系列的图片，这样有助于网页的整体和谐。背景图片像素值越小越好，建议使用较小的图片来制作可以拼接的背景图，这样不仅可以大大减小文件的存储空间，还可以使页面显得美观。

3）图像文件的大小也是要考虑的因素，图像过多，文件过大，影响网页打开的速度，这时应该从技术上对图像进行优化。

4）常遇到的图像文件不能正确显示的原因有：文件名不正确、文件的 url 地址不对、文件的格式不对。其中"文件的 url 地址不对"最常见，应该注意图像文件要使用相对路径。

图 2-8　图像标签

2.6.2 视频标签

HTML5 新增标签，语法格式：

```
<video  src="视频文件路径"> </video>
```

功能：定义视频的标签，如电影片段或其他视频流。

属性说明：src 是必选属性，给出目标文件的地址，其他属性都是可选项。video 常用属性见表 2-2。

表 2-2 video 常用属性

属性	允许取值	取值说明
src	url	设置要播放视频的统一资源定位符（URL）
autoplay	autoplay	设置是否在加载完成后随即播放。属性名与属性值相同，称为布尔属性，可以省略属性值
controls	controls	选中该属性，浏览器会在视频底部提供一个控制面板，允许用户控制视频的播放
loop	loop	设置是否应在结束时重新播放
muted	muted	设置视频的音频输出是否被静音
height	取值单位一般为像素或百分比	设置视频播放器的高度
width	取值单位一般为像素或百分比	设置视频播放器的宽度

<video>标签支持三种视频格式，具体如下：

.ogg：带有 Theora 视频编码和 Vorbis 音频编码的 Ogg 文件。

.mp4：带有 H.264 视频编码和 AAC 音频编码的 MPEG 4 文件。

.webm：带有 VP8 视频编码和 Vorbis 音频编码的 WebM 文件。

Internet Explorer 9 +、Firefox、Opera、Chrome 以及 Safari 均支持 <video>标签。

HTML5 中还提供了 <source>标签，给出多个不同视频格式文件的路径，浏览器会尝试以 .mp4、.ogg 或 .webm 格式中的一种来播放视频。

语法格式：

```
<video controls>
    <source  src="视频文件地址" type="video/mp4">
    <source  src="视频文件地址" type="video/ogg">
    <source  src="视频文件地址" type="video/webm">
</video>
```

demo2-8.html：

```
<body>
    <!-- 第 1 种形式 -->
    <video width="800"  src="apple.mp4"  controls>
        当前浏览器不支持 video
    </video>
    <hr>
    <!-- 第 2 种形式 -->
```

```
<video width = "800" height = "" >
      <source src = "apple.mp4" type = "video/mp4" > </source>
      <source src = "apple.jpg" type = "video/ogg" > </source>
      <source src = "apple.webm" type = "video/webm" > </source>
</video>
</body>
```

如果浏览器版本过低，则在窗口显示提示文本"当前浏览器不支持video"。

2.6.3 音频标签

HTML5新增的音频标签，播放音频文件或者音频流。

语法格式：<audio src = "视频文件路径" > </audio>

<audio>标签支持三种音频格式文件：mp3、wav和ogg；Internet Explorer 9 + 、Firefox、Opera、Chrome以及Safari均支持<audio>标签。

HTML5可以提供多个不同音频格式文件的路径，浏览器会尝试以mp3、ogg或wav格式中的一种来播放音频。多个音频源可以使用<source>标签来定义。

语法格式：
```
<audio controls >
   <source src = "音频文件路径" type = "audio/mp3" >
   <source src = "音频文件路径" type = "audio/ogg" >
   <source src = "音频文件路径" type = "audio/wav" >
</audio>
```

demo2-9.html：
```
<body >
      <!-- 第1种形式 -->
      <audio src = "img/917.mp3" controls > </audio>
      <hr >
      <!-- 第2种形式 -->
      <audio controls >
            <source src = "img/917.mp3" type = "audio/mp3" >
            <source src = "img/917.ogg" type = "audio/ogg" >
            <source src = "img/917.wav" type = "audio/wav" >
      </audio>
</body>
```

2.7 链接标签

超链接是网页中最重要的元素之一，是网站的灵魂。一个网站是由多个页面组成的，页面之间依靠超链接确定相互关系。

2.7.1 创建链接

语法格式：<a href = "file - url" target = "value" >被链接内容</a>

属性说明：

1) href：链接到的目标文件的URL地址，必选项。

2）target：指定打开目标文件的窗口。

①当 target = "_self" 时，表示在原窗口打开目标文件，默认值。

②当 target = "_blank" 时，表示在新窗口打开目标文件，对同一个超链接单击几次，就会有几个新开窗口。

③当 target = "new" 时，跟_blank 不同，多次单击同一个超链接，只会打开一个新窗口。

浏览器对 < a > 标签的默认解析是：

1）未被访问的链接带有下画线，字体是蓝色的。

2）已被访问的链接带有下画线，字体是紫色的。

3）活动链接带有下画线，字体是红色的。

2.7.2 链接的分类

< a > 标签中间的链接内容可以是页面的任何元素，一般为文本、图像、列表、音频、视频等，链接的目标文件也可以是多种类型，按目标文件的不同，把超链接分为以下几类：

1）网页文件或外网网址。

2）图像文件。

3）如果链接的目标文件是 Office 文件、Zip 文件、exe 文件等其他类型的文件，则提供下载任务。

4）音频或视频文件。链接的目标文件如果是音频、视频文件，则提供下载或打开任务。

5）空链接。目标文件为 "#"，不指向任何目标，但具有超链接的解析效果，为日后调试代码用。

6）电子邮件链接："href = mailto：邮件地址"。邮件地址必须完整，且要在 Outlook 配置邮件服务。

demo2-10. html：

```
<body >
    <ul >
        <li > <a href = "http://www.baidu.com" >百度</a> </li >
        <li > <a href = "demo2 - 2.html" target = "_self" >同一站点下的页面文件
</a > </li >
        <li > <a href = "img/73.gif" target = "_blank" >图像</a> </li >
        <li > <a href = "审核表.doc" >office 文档</a> </li >
        <li > <a href = "apple.mp4" target = "new" >视频或音频</a> </li >
        <li > <a href = "#" >空链接</a> </li >
        <li > <a href = "mailto:123@ 126.com" >电子邮件链接</a> </li >
    </ul >
</body >
```

7）锚记链接。如果网页内容比较多，页面很长，用户需要不断地拖动浏览器的滚动条才能找到需要的内容，超链接的锚记功能可以解决这个问题，锚记链接就是在同一个页面内不同位置实现跳转。锚记链接的语法分两步：

第 1 步，定义锚点

语法格式：< a name = "锚点名字" > 锚点位置 </a >

在网页指定的位置，用 name 属性设置锚点名称。

第2步，给锚点设置链接

语法格式：< a href = "#锚点名字" > 链接文字 < / a >

单击链接文字，跳转到锚点位置。

常见案例：百度百科就是利用锚记链接来实现跳转。

demo2-11. html：

```
< body >
< h1 > JavaScript < / h1 >
        < p > JavaScript（简称"JS"）是一种具有函数优先的轻量级……[1] < / p >
        < p > JavaScript 在 1995 年由 Netscape 公司的 Brendan Eich…… < / p >
        < p > JavaScript 的标准是 ECMAScript……[1] < / p >
        < h2 > 目录 < / h2 >
        < ol >
                < a href = "#1" > < li > 产生背景 < / li > < / a >
                < a href = "#2" > < li > 主要功能 < / li > < / a >
                < a href = "#3" > < li > 语言组成 < / li > < / a >
                < a href = "#4" > < li > 运行模式 < / li > < / a >
                < a href = "#5" > < li > 语言特点 < / li > < / a >
                < a href = "#6" > < li > 编译模式 < / li > < / a >
                < a href = "#7" > < li > 语言标准 < / li > < / a >
                < a href = "#8" > < li > 版本记录 < / li > < / a >
        < / ol >
        < a name = "1" > < / a > < h2 > 产生背景 < / h2 >
        ……
        < a name = "2" > < / a > < h2 > 主要功能 < / h2 >
        ……
< / body >
```

 提示：缩小窗口，可以更好地查看演示效果。

2.8 表单标签

2.8.1 认识表单

"表单"在互联网上随处可见，如注册页面、用户登录页面、搜索框等都是表单。简单地说，"表单"是网页上用于输入信息的区域，它的主要功能是收集用户信息，并将这些信息传递给后台服务器，实现网页与用户的沟通。

1. 表单的构成

在 HTML 中，一个完整的表单通常由表单控件、提示信息和表单域 3 个部分构成，如图 2-9 所示，即为一个简单的 HTML 表单界面及其构成。

1）表单控件：包含了具体的表单功能项，如单行文本输入框、密码输入框、复选框、提交按钮、重置按钮等。

2）提示信息：表单控件前面的提示信息，提示用户正确填写和操作。

3）表单域：它相当于一个容器，用来容纳所有的表单控件和提示信息，通过它可以收

图 2-9 表单构成

集表单控件中的数据，定义提交数据的方法和处理数据的后台程序。

2. 创建表单

在 HTML 中，<form></form>标签被用于定义表单域，即创建一个表单，以实现用户信息的收集和传递，<form> </form>标签中的所有内容都会被提交给服务器。创建表单的基本语法格式：

```
<form  action = "url 地址"  method = "提交方式"  name = "表单名称" >
    各种表单控件
</form>
```

1）action 属性：在表单收集到信息后，需要将信息传递给服务器进行处理，action 属性用于指定接收并处理表单数据的服务器程序的 url 地址。

例如：<form action = "login. php" > 表示表单数据收集后提交给 login. php 程序进行处理。

如果缺省，action 会被设置为当前页面。

2）method 属性用于设置表单数据的提交方式，其取值为 get 或 post。其中 get 为默认值，这种方式提交的数据将显示在浏览器的地址栏中，保密性差，浏览器对传输的数据量有限制。

demo2-12. html：

```
<body>
    <form action = "" method = "get" id = "serach" name = "serach" >
        搜索 <input type = "text"  id = "user" name = "user" / >
         <input type = "submit"  value = "搜索"/ >
    </form>
</body>
```

在输入框中输入"123"，浏览器的地址栏显示为"http://127. 0. 0. 1：8848/02/demo2-12. html?user = 123"。

post 方式的保密性好，并且无数据量的限制，使用 method = "post" 可以大量的提交数据。

3）name 属性用于指定表单的名称，以区分同一个页面中的多个表单。

2.8.2 输入控件及属性

在 HTML 的表单控件中，input 是最主要的表单输入控件，它可以分为十几种类型，代表了不同类型的输入型数据。

语法格式：<input type = "类型" / >

其中 type 是必选项，给出了输入控件的类型，见表2-3。

表 2-3 type 属性列表

属性	属性值	说明
type	text	单行文本输入框
	password	密码输入框
	radio	单选按钮
	checkbox	复选框
	button	普通按钮
	submit	提交按钮
	reset	重置按钮
	image	图像按钮
	file	文件域
	e-mail	e-mail 地址的输入域
	url	URL 地址的输入域
	number	数值的输入域
	range	以进度条显示的输入域
	date	日期和时间的输入类型
	search	搜索域
	color	颜色输入类型
	tel	电话号码输入类型

1. type 属性

1）text 类型 < input type = "text"/ >：常用来输入简短的信息，如用户名、账号、证件号码等。

2）password 类型 < input type = " password"/ >：用来输入密码，其内容将以圆点的形式显示。

3）radio 类型 < input type = "radio"/ >：用于单项选择，如性别、婚否等操作。在定义单选按钮时，必须为同一组中的选项指定相同的 name 值，构成单选框按钮组，这样"单选"才会生效。

4）checkbox 类型 < input type = " checkbox"/ >：复选框常用于多项选择，如选择兴趣、爱好等。也应该为同一组中的选项指定相同的 name 值，构成复选框按钮组。

5）button 类型 < input type = "button"/ >：普通按钮常常配合 JavaScript 脚本语言使用。

6）submit 类型 < input type = "submit"/ >：提交按钮是表单中的核心控件，用户完成信息的输入后，一般都需要单击提交按钮才能完成表单数据的提交。可以使用 value 属性，改变提交按钮上的默认文本。

7）reset 类型 < input type = "reset"/ >：当用户输入的信息有误时，可单击重置按钮取消已输入的所有表单信息。可以使用 value 属性，改变重置按钮上的默认文本。

8）image 类型 < input type = " image" src = ' 图像的 url 地址 '/ >：图像按钮功能与普通按钮相同，只是用图像显示按钮的外观。

9）file 类型 < input type = "file"/ >：当定义文件域时，页面中将出现一个文本框和一个"浏览…"按钮，用户可以通过选择文件的方式，将文件提交给后台服务器。

demo2-13. html：

```
< body >
    < form action = "#" method = "post" >
        用户名：< input type = "text" id = "name" > < br />
        密码：< input type = "password" id = "psd" > < br />
        性别：< input type = "radio" id = "man" name = "sex" />男
         < input type = "radio" id = "woman" name = "sex" /> 女 < br />
        兴趣：< input type = "checkbox" name = 'like' />唱歌
         < input type = "checkbox" name = 'like' />跳舞
         < input type = "checkbox" name = 'like' />游泳  < br />
        上传头像：< input type = "file" /> < br />
         < input type = "button" value = "普通按钮" />
         < input type = "submit" value = "提交" />
         < input type = "reset" />
         < input type = "image" src = "img/but.jpg" />
    < / form >
< / body >
```

效果如图 2-10 所示。

在 CSS3 中，type 属性新增了多种类型，增加了输入控件的功能，以下是新增的几种常用类型。

图 2-10　基本的 type 属性

10）e-mail 类型 < input type = "e-mail"/ >：是一种专门用于输入 e-mail 地址的文本框，用来验证内容是否符合 e-mail 邮件地址格式，如果不符合，将提示相应的错误信息。

11）url 类型 < input type = "url"/ >：是一种用于输入 URL 地址的文本框，如果输入的值不符合 URL 地址格式，则提交时会提示错误信息。

12）tel 类型 < input type = "tel"/ >：用于提供输入电话号码的文本框，由于电话号码的格式千差万别，很难实现一个通用的格式。因此，tel 类型通常会和 pattern 属性配合使用。

13）search 类型 < input type = "search"/ >：是一种专门用于输入搜索关键词的文本框，它能自动记录一些字符，在用户输入内容后，其右侧会附带一个删除图标，单击这个图标按钮可以快速清除内容。

14）color 类型 < input type = "color"/ >：用于提供设置颜色的文本框，实现一个 RGB 颜色输入。其基本形式是#RRGGBB，默认值为#000000，通过 value 属性值可以更改默认颜色。单击 color 类型文本框，可以快速打开拾色器面板。

15）number 类型 < input type = "number"/ >：用于提供输入数值的文本框。在提交表单时，会自动检查该输入框中的内容是否为数字。如果输入的内容不符合规定，则会出现错误提示。

number 类型的文本框可以对输入的数字进行限制，规定允许的最大值和最小值、合法的数字间隔或默认值等。具体属性说明如下。

value：指定文本框的默认值。

max：指定文本框可以接受的最大的输入值。

min：指定文本框可以接受的最小的输入值。

step：输入域合法的间隔，如果不设置，默认值是1。

16）range 类型 < input type = " range"/ >：在网页中显示为滑动条。它的常用属性与 number 类型一样，通过 min 属性和 max 属性，可以设置最小值与最大值，通过 step 属性指定每次滑动的步幅。

17）date 类型 < input   type = " date, month, week…"/ >：是指日期时间类型，HTML5 中提供了多个可供选取日期和时间的输入类型，用于验证输入的日期。

 提示：对于浏览器不支持的 input 输入类型，将会在网页中显示为普通的文本框。

demo2-14. html：

```
< body >
    < h3 >班级学生信息表 < /h3 >
    < form action = "#" method = "post" >
        姓名：< input type = "text" id = "name" / > < br / >
        电子邮件：< input type = "email" id = "user_email" / > < br / >
        博客地址：< input type = "url" id = "user_url" / > < br / >
        <! - -tel 类型,给定的正则表达式要求为11 的数字 - - >
        联系电话：< input type = "tel" id = "telphone" pattern = "^\d{11} $ " / /> < br / >
        <! - -number 类型 ,默认值为 60,最小为1,最大为100,每次修改的步长为 5 - - >入学
分数：< input type = "number" value = "60" min = "1" max = "100" step = "5" / > < br / >
        <! - -color 类型 默认值为黑色,这里设置成红色 - - >
        体能：< input type = "range" > < br >
        喜欢的颜色：< input type = "color" value = "
#ff0000" / > < br / >
        出生年月：< input type = "date" >  < br >
        < input type = "submit" value = "提交" / >
    < / form >
< / body >
```

图 2-11   新增 type 属性

效果如图 2-11 所示。

2. 其他属性

除了 type 是必选属性外，input 还有很多可选属性，这类属性有不少是布尔属性，即属性名等于属性值，属性值可以省略，见表2-4。

表 2-4   **input** 的其他属性

属性名	属性值	说明
name	自定义	控件的名称
value	自定义	控件的默认值
readonly	readonly	该控件内容只读，不能修改，不可编辑
disabled	disabled	禁用该控件（显示为灰色），无法使用和无法点击

（续）

属性名	属性值	说明
checked	checked	定义该控件默认被选中
maxlength	正整数	控件允许输入的最多字符数
autocomplete	on/off	开启/关闭自动完成功能
autofocus	autofocus	页面加载时是否自动获取焦点
multiple	multiple	指定输入框是否可以选择多个值
id	自定义	表单控件的 id 号，在表单是唯一
Pattern	字符串	定义正则表达式，验证内容是否与正则表达式匹配
placeholder	字符串	描述输入框期待用户输入何种内容
required	required	规定输入框的内容不能为空

 提示：HTML5 不会对输入框的空值进行验证，如果开发者要求输入框中的内容是必须填写的，就需要为 input 元素指定 required 属性。input 其他属性案例见 demo2-15. html，效果如图 2-12 所示，如果没有输入，直接提交，则会出现提示信息。

demo2-15. html：

```
<body>
    <form action="#" method="post" autocomplete="on">
        <input type="text" required placeholder="支持QQ/邮箱/手机号登录" autofocus><br>
        <input type="password" required placeholder="QQ密码"><br>
        <input type="checkbox" checked>下次自动登录<br>
        <input type="submit" value="登录">
    </form>
</body>
```

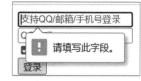

图 2-12　input 其他属性

2.8.3　其他表单控件

1. label 标签控件

从前面的案例可以看到，控件前都有提示信息，一般提示信息会用 label 标签来定义。该标签可以添加 for 属性，把标签与后面的控件进行关联。当用户选择 label 标签时，浏览器就会自动将焦点转到和 label 标签相关的表单控件上。

demo2-16. html：

```
<body>
    <form>
<!-- label 的 for 属性取值一定要等于 input 控件的 id 值,这样才能实现两者之间的关联 -->
<label for="user">账号</label> <input type="text" id="user" /> <br/>
<label for="psd">密码</label> <input type="password" id="psd" /> <br/>
```

```
< / form >
< / body >
```

鼠标指针单击文本"账号",焦点就会定位在后面的单行文本框中。这样可以方便鼠标单击使用,增强用户操作体验,如图2-13所示。

2. select 控件

浏览网页时,经常会看到包含多个选项的下拉列表,如选择所在的城市、出生年月、兴趣爱好等。HTML 提供了 select 控件定义下拉列表单,其基本语法格式:

```
< select >
        < option >选项 1 < / option >
        < option >选项 2 < / option >
        < option >选项 3 < / option >
        …
< / select >
```

说明: < select > < / select >标签定义下拉列表, < option > < / option >标签定义下拉列表中的选项,每对 < select > < / select >中至少应包含一对 < option > < / option >。

在 HTML 中,可以为 < select > 和 < option > 标签定义属性,以改变下拉菜单的外观显示效果,具体见表2-5。

表 2-5 select 和 option 属性

标签名	常用属性	说明
< select >	size	指定下拉列表的可见选项数(取值为正整数)
	multiple	定义 multiple = "multiple"时,下拉菜单将具有多项选择的功能,方法为按住 Ctrl 键的同时选择多项
< option >	selected	定义 selected = " selected "时,当前项即为默认选中项

3. textarea 控件

如果需要输入大量的信息,前面的单行文本框就不再适用,为此 HTML 提供了 < textarea > < / textarea >标记。通过 textarea 控件可以创建多行文本框,其基本语法格式:

```
< textarea cols = "每行中的字符数" rows = "显示的行数" >
        文本内容
< / textarea >
```

< textarea >元素除了 cols 和 rows 属性外,还可以添加前面介绍的各种属性。

demo2-17. html:

```
< body >
        选择想就业的城市
< select  >
        < option value = "1" >北京 < / option >
        < option value = "2" selected >上海 < / option >
        < option value = "3" >深圳 < / option >
        < option value = "4" >杭州 < / option >
```

```
</select>
<hr>
<textarea rows = "8" cols = "30">
输入求职的其他条件
</textarea>
</body>
```

效果如图 2-14 所示。

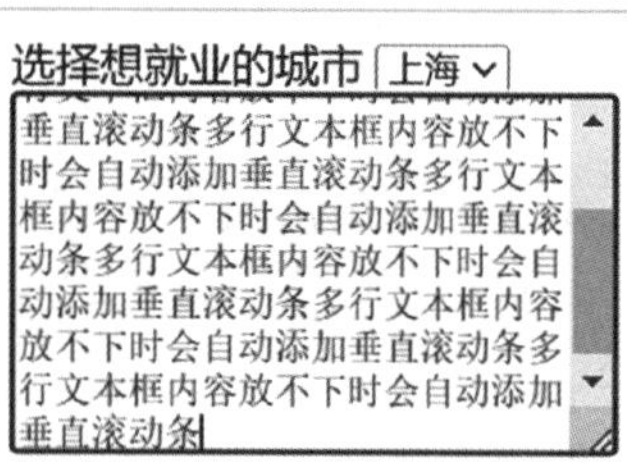

图 2-14　多行文本框

 提示：多行文本框内容放不下时会自动添加垂直滚动条。

2.9　行块元素

以上是把 HTML 元素按功能来分类，也可以按其在页面上所占居的空间来分类，分为块元素、行元素和行块元素，不同类型的元素在页面的表现形式上是不同的。

1. 块元素（block）

1）在页面中以区域块的形式出现，独自占据一整行或多行，不与其他元素并列。

2）可以对其设置宽度、高度、对齐方式等属性。

3）如果不设置宽度，将继承父元素的宽度。

4）常见块元素：<hn>、<p>、<ul>、<div>等。

最典型的块级元素是<div>，双标签，无任何语义，可以包含段落、表格、图像等网页元素，相当于一个容器，主要用来把网页文档分割为独立的、不同的区块，以便排版布局。

2. 行元素（inline）

1）显示元素内容的实际宽度，可与其他行内元素并列。

2）不可以对其设置宽度、高度、对齐方式等属性。

3）常用来控制页面文本样式。

4）常见行元素：<a>、<em>、<strong>、<span>等。

最典型行元素是<span>，双标签无语义，它的存在纯粹是为了应用样式，给一段内容加上<span>标签后，可以通过在<span>标签上定义样式来设定其内容的形式。

3. 行块元素（inline-block）

1）显示元素内容的实际宽度，可与行元素或行块元素并列。

2）可以对其设置宽度、高度、对齐方式等属性。

3）常见行块元素：<img>、<input>等。

2.10　HTML 实体

在 HTML 中，有些字符拥有特殊含义，例如，小于号"<"表示一个 HTML 标签的开始。假如让浏览器显示这些字符，必须在 HTML 代码中插入字符实体。

一个字符实体拥有 3 个部分：一个 and 符号（&）、一个实体名或者一个实体号、一个分号（;）。

例如，要在 HTML 文档中显示一个小于号，可以写成 < 或者 <。

注意： 实体名区分大小写。

常用的 HTML 实体见表 2-6。

表2-6　常用的 HTML 实体

显示结果	描述	实体名称	实体编号
	空格		
<	小于号	&lt;	&#60;
>	大于号	&gt;	&#62;
&	和号	&amp;	&#38;
"	引号	&quot;	&#34;
'	撇号	'（IE 不支持）	&#39;
¢	分（cent）	&cent;	&#162;
£	镑（pound）	&pound;	&#163;
¥	元（yen）	&yen;	&#165;
€	欧元（euro）	&euro;	&#8364;
§	小节	&sect;	&#167;
©	版权（copyright）	&copy;	&#169;
®	注册商标	&reg;	&#174;
TM	商标	&trade;	&#8482;
×	乘号	&times;	&#215;
÷	除号	&divide;	&#247;

本章小结

本章介绍了 HTML 语法规则、文档结构，详细讲解了 HTML 中各类标签的功能和应用。

通过本章的学习，读者应熟悉 HTML 文档的结构，熟练使用文本、列表、多媒体、超链接等标签来标记网页中各类信息元素，为后面的学习打下良好的基础。

【动手实践】

1. 请根据所学的 HTML 标签制作 3 个页面，再制作一个简单的首页，把这 3 个页面链接起来。题材自选。

2. 仿照百度百科，利用锚记链接制作一个单页面跳转网页。

【思考题】

1. 写出你掌握的双标签和单标签，观察浏览器对它们渲染的默认样式。

2. HTML5 文档的声明语句是否可以省略？为什么？

3. 标签是否可以嵌套？是否可以交叉？

 相对路径和绝对路径

4. src 属性要求给出目标文件的地址，这个地址一般使用相对路径，那么什么是相对路径，什么是绝对路径呢？

第3章

CSS样式基础

按照 Web 2.0 的标准，网页文档的结构由 HTML 搭建，外观样式由 CSS 表现，那么 CSS 是如何实现对网页元素的美化和页面的布局呢？下面让我们通过对 CSS 样式的学习来掌握这些方法。

学习目标

1. 了解 CSS 及其特点
2. 掌握 CSS 的语法规则
3. 掌握 CSS 基本选择器的用法
4. 掌握 CSS 样式的引用方法
5. 掌握运用 CSS 设置文本样式的方法

3.1 CSS 概述

CSS（Cascading Style Sheets，层叠样式表）是一种用来表现 HTML 文档样式的语言，描述了如何在屏幕或其他媒体上显示 HTML 元素，可以实现同时控制多个网页的布局。CSS 不仅可以静态地修饰网页，还可以配合各种脚本语言动态地对网页元素进行格式化。

CSS 样式文件是纯文本格式文件。在编辑 CSS 时，可以使用纯文本编辑工具，如记事本，或者使用专业的开发工具，如 HBuilderX 等。

3.2 CSS 语法规则

CSS 样式是由若干条样式规则组成的，这些样式规则可以应用到不同的元素或文档上。CSS 规则由两部分组成：选择器和声明语句组。

基本语法：

```
selector {
    property1: value1;
    property2: value2;
    ...
    propertyn: valuen;
}
```

选择器（selector）：用来指定需要设置样式的 HTML 元素。

声明语句组：由一条或多条声明语句组成，每条声明语句通过属性名（property）和属性值（value）描述样式的具体内容，多条声明语句之间用分号（;）分隔，声明语句不分先后顺序，所有的声明语句放在一对 { } 内。例如：

```
h2{
font - family:宋体;
font - size:15px;
color:red;
}
```

在这段代码中，以 h2 标签名称直接作为选择器，表示文档中所有由 < h2 > </h2 > 标签定义的元素将按其指定的样式规则显示，三条声明语句则具体描述了样式规则的内容，包括字体、字体大小和字体颜色，被分别定义为宋体、15px 和 red（红色）。

CSS 规则的应用，就是将"声明语句组"定义的样式内容应用到"选择器"对象的过程。

CSS 语法规则书写注意事项：

◇ 选择器严格区分大小写，声明语句不用区分大小写，但一般建议小写。

◇ 样式中的所有符号都是英文标识符号。

◇ 单个属性值中如果包含空格，那么该属性值应该加英文引号。例如，font- family："Times New Roman"，这里的"Times New Roman"表示一个属性值，属性值中包含了空格，所以要用英文引号标注。

◇ CSS 的注释文本语句为：/ * 注释文本 */，应养成给 CSS 加注释的好习惯。

◇ CSS 不解析空格，可以使用 < Tab > 键、< Enter > 键或空格键来排版，但属性值和单位之间不能有空格。例如，p{font-size：24px；}中的 24 和单位 px 之间不能有空格。

3.3 CSS 基本选择器

选择器是 CSS 样式规则应用的重要基础，CSS 提供了大量的选择器，主要包括基本选择器、组合选择器、伪类选择器、伪元素选择器和属性选择器。本章主要介绍基本选择器，其他选择器及相关内容将在第 4 章做详细介绍。

基本选择器包括标签选择器、类选择器和 ID 选择器。

3.3.1 标签选择器

HTML 的标签名可以直接作为 CSS 的选择器，如 p、h1、table 等。标签选择器是 CSS 样式规则中最基本的选择器。

基本语法：

```
element{property: value;…}
```

例如，demo3-1. html 在文档头部的 < style > </style >标签中定义 CSS 样式规则。

demo3-1. html：

```
<! DOCTYPE html >
<html >
    <head >
        <meta charset = "utf -8" />
        <title >标签选择器 </title >
        <style >
            /* 由 HTML 标签名称直接作为选择器 */
            h1 {
```

```
                text - align: center;            /* 设置文本对齐方式为居中对齐 */
            }
        h3 {
                text - align: right;             /* 设置文本对齐方式为右对齐 */
            }
        p {
                text - indent: 2em;              /* 段落首行缩进两个字符 */
                line - height: 150% ;            /* 行间距为150%  */
            }
    </style >
</head >
<body >
    <h1 > 春 </h1 >
    <h3 > 朱自清 </h3 >
    <p > 春天像刚落地的娃娃,从头到脚都是新的,它生长着。 </p >
    <p > 春天像小姑娘,花枝招展的,笑着,走着。 </p >
    <p > 春天像健壮的青年,有铁一般的胳膊和腰脚,他领着我们上前去。 </p >
  <span > ......(节选部分内容) </span >
  </body >
</html >
```

该文档在浏览器中的显示效果如图 3-1 所示。

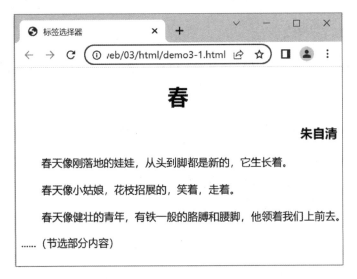

图 3-1 标签选择器的应用效果

　　由标签选择器定义的规则不需要对其进行额外的引用，所有由该标签描述的网页内容会自动按定义的规则表现样式，如该案例中 3 个由 <p> </p> 标签定义的段落，都会自动设置"段落首行缩进两个字符、段落行间距为 150%"的样式。这种方法高效且统一，但同时也是它的缺点，不能设计差异化的样式，这 3 个段落外在样式表现完全相同。

3.3.2 类选择器

　　为了实现差异化样式设计，CSS 引入了类选择器，它将拥有特定 class 属性的 HTML 元素作为选定对象，是样式定义中最常见的一种选择器。

基本语法：

```
.class{property: value;…}
```

类名由用户自定义，前面用一个"."来标记。类名可以是任意英文字符串或英文字母与数字的组合（数字不能作为第一个字符），例如：

```
.p_one{ font - size: 14px;}
.test1{ color: red;}
```

由类选择器定义的样式不会自动被引用，需要使用HTML标签的class属性关联类名来实现，如< p class = "p_one" > < /p >表示该段落引用了由选择器"p_one"所定义的样式。

类选择器还具有以下两个特点：

❖ 一个类选择器可以被多个元素关联。

❖ 一个元素上也可以引用多个类选择器，多个选择器之间用空格分隔。

例如，demo3-2.html，该案例是在demo3-1.html的基础上增加了类选择器的定义和引用，使文档实现了更复杂的样式效果。

demo3-2.html：

```
<! DOCTYPE html >
<html >
    <head >
        <meta charset = "utf -8" />
        <title >类选择器 < /title >
        <style >
            /* 由HTML标签名称直接作为选择器 */
            h1 {
                text -align: center;              /*设置文本对齐方式为居中对齐 */
            }
            h3 {
                text -align: right;               /*设置文本对齐方式为右对齐 */
            }
            p {
                text -indent: 2em;                /*段落首行缩进两个字符 */
                line -height: 150% ;              /*行间距为150% */
            }
            /* 下面定义了两个类选择器 */
            .one{
                text -decoration: underline;   /*添加下画线效果 */
            }
            .two{
                font -style: italic;           /*设置字体样式为斜体 */
            }
        < /style >
    < /head >
<body >
        <h1 >春 < /h1 >
        <h3 class = "one two" >朱自清 < /h3 >
```

```
        <p class = "one">春天像刚落地的娃娃,从头到脚都是新的,它生长着。</p>
        <p>春天像小姑娘,花枝招展的,笑着,走着。</p>
        <p class = "two">春天像健壮的青年,有铁一般的胳膊和腰脚,他领着我们上前去。</p>
        <span>......(节选部分内容)</span>
    </body>
</html>
```

效果如图3-2所示。

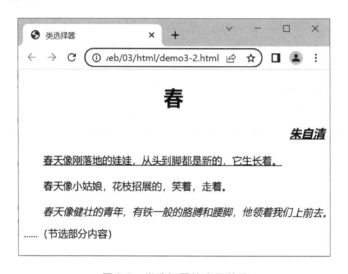

图3-2　类选择器的应用效果

从图3-2中可以看出，<h3>标签和第一个<p>标签通过class属性关联了选择器"one"，应用了添加下画线的样式，关联了"two"选择器的<h3>标签和第三个<p>标签，则都应用了字体斜体的样式。

本例中"one"和"two"选择器被多个元素关联，实现了多个元素的差异化设计；在<h3>标签中同时引用了"one"和"two"两个选择器，实现了多样式叠加的效果。

类选择器还可以结合标签选择器一起使用（被称为标签类别选择器或交集选择器）。例如，在案例demo3-2.html的<style></style>标签中加入一条样式规则，如下：

```
p.one{ color : red; }
```

选择器"p.one"表示关联了class类名为"one"的p段落，本例中只有第一个段落<p class = "one">符合该选择器的定义。这里强调两个条件的交集，既要关联类名"one"，又要是段落p。

这样的选择器定义方式可以更精准地指定要设置样式的对象。使用时注意标签定义在类名前面，中间除了点号不能有空格或其他符号。

3.3.3　ID选择器

ID选择器的使用方法和类选择器基本相同，定义了样式规则之后，通过标签的ID属性来引用。它主要针对具有ID属性的对象设置样式规则。

基本语法：

```
#id{property: value;…}
```

id 名由用户自定义，前面用一个"#"来标记，例如：#user{ width：180px；}，引用的方法和类选择器类似，如有表单控件如下：

```
< input type = "text" name = "user" id = "user"/>
```

该文本输入框的宽度会被设置为 180px。

一般情况下，ID 属性值在文档中具有唯一性，所以 ID 选择器和类选择器最大的区别就是：一个 ID 选择器只能被引用一次，针对性强；一个元素只能引用一个 ID 选择器。ID 选择器经常用于表单中的控件。

3.3.4 选择器分组

选择器分组其实就是一种"集体声明"，对具有相同样式的多个基本选择器同时进行声明，这样做可以得到更简洁的样式表。

例如，在一个样式表中，对 h1 和 h3 做了如下样式规则的定义：

```
h1{
    color:#0033CC;
    text - align: center;
}
h3{
    color:#0033CC;
    text - align: center;
    font - style:italic;
}
```

通过对样式表的观察，可以看到 h1 和 h3 包含了部分相同的样式规则，此时可以利用选择器分组的方法简化上述代码，将多个选择器用","分隔，不同的样式规则单独定义，示例如下：

```
h1,h3{
    color:#0033CC;
    text - align: center;
}
h3{
    font - style:italic;
}
```

利用选择器分组的原理，可以在文档样式定义之初对大量的标签设置相同的样式，从而完成文档的初始化设置，例如：

```
body,h1,h2,h3,p,ul,li,a{
    margin:0;                    /*设置元素默认的外边距为 0 */
    padding:0;                   /*设置元素默认的内边距为 0 */
}
```

有时需要对文档中所有的标签进行初始化定义，但又不能将每个标签一一列举出来，这时 CSS 提供了一个通配符选择器，用"＊"来描述所有的标签，例如：

```
*{ margin: 0;}                   /*设置所有 HTML 元素默认的外边距为 0 */
```

3.4 CSS 样式的引用

在网页中应用 CSS 样式有 4 种方式：内联样式、内部样式表、外部样式表和导入样式表。

3.4.1 内联样式

内联样式也称为行内样式，通过 HTML 标签的 style 属性来设置元素的样式。例如：

```
<h1 style = "color:red;font - size:48px;">故都的<span>秋</span></h1>
```

内联样式只对其所在的标签及嵌套在其中的子标签起作用，使用简单，但需要为每个标签设置 style 属性，后期维护成本高，代码"过胖"。

这种方式依然将表现和内容混杂在一起，没有体现出引入 CSS 的优势，所以日常使用较少。

3.4.2 内部样式表

内部样式表也称为内嵌式样式表，在 HTML 文档的头部用 < head > < /head > 标签定义。例如：

```
<head>
    <style>
        h1{text - align: center;}
        p{font - size:16px;}
    </style>
</head>
```

内部样式表定义的样式只对当前文档有效，所以一般只适用于有特殊样式需求的单个文档。本书为了方便读者阅读，大部分案例采用的是内部样式表的形式，如之前的案例 demo3-1. html、demo3-2. html 都是采用的内部样式表。

3.4.3 外部样式表

外部样式表也称为链接式样式表，是将所有的样式规则放在一个或多个以 . css 为扩展名的外部样式表文件中，通过 < link / > 标签将外部样式表文件链接到 HTML 文档中。

将案例 demo3-2. html 中的样式规则用外部样式表文件 demo3-2. css 来保存，然后在 demo3-2. html 文档的头部，通过 < link/ > 标签将 demo3-2. css 链接进来，头部代码如下：

```
<head>
    <meta charset = "utf - 8" />
    <title>类选择器</title>
    <link rel = "stylesheet" type = "text/css" href = "css/demo3 -2.css"/>
</head>
```

其中属性 href 是指向文件 demo3-2. css 的存储路径。无论采用内部样式表还是外部样式表，demo3-2. html 都表现出一样的效果。

一个 CSS 文件可以被链接到多个 HTML 文件中，使它们具有相同的样式风格，当需要对样式进行修改时，只需要对该 CSS 样式文件进行修改，就可以自动同步到所有链接了该样式文件的 HTML 文件中。CSS 代码从 HTML 文件中分离出来，使得前期制作和后期维护都十分方便。

在一个 HTML 文档中也可以同时链接多个样式文件，实现样式的叠加，例如：

```
<head>
    <meta charset = "utf-8" />
    <title>外部样式表</title>
    <link rel = "stylesheet" type = "text/css" href = "../css/demo3-1.css"/>
    <link rel = "stylesheet" type = "text/css" href = "../css/demo3-2.css"/>
</head>
```

因此外部样式表是最常用的一种引用方法。

3.4.4　导入样式表

导入样式表与外部样式表的功能基本相同，只是语法和运作方式上略有区别。导入样式表在 <style> </style> 标签中通过 @ import 将 CSS 文件导入。

导入方法参考如下：

```
<style type = "text/css">
    @ import url("../css/demo3-3.css");
</style>
```

导入样式表和外部样式表的主要区别：采用外部样式表时，会在加载页面主体部分之前装载 CSS 文件，这样显示出来的网页从一开始就是带有样式的；采用导入样式表时，会在整个页面加载完成后再装载 CSS 文件，所以当网页文件比较大或者网速比较慢时，导入样式表可能会使客户端先呈现出 HTML 结构，再看到装载了 CSS 文件之后的样式。

导入样式表和外部样式表最后看到的效果是一样的。

3.5　CSS 文本样式

文本是网页内容重要的组成部分，使用 CSS 对网页中的文本进行合理设置，可以实现更丰富的页面效果，CSS 文本样式主要设置 CSS 字体属性和 CSS 文本外观属性。

3.5.1　CSS 字体

CSS 字体属性定义文本的字体系列、大小、加粗、风格和变形等。

1. 字体系列

font-family 属性用于设置字体系列。网页中常用的字体有宋体、黑体等。例如：

```
p{font-family:"黑体";}
```

font-family 可以同时为文本指定多种字体作为"后备"，中间以逗号隔开，如果浏览器不支持第一种字体，则会尝试下一种，直到找到合适的字体。例如：

```
body{font-family:"times new roman",times,serif;}
```

这里为 body 准备了三种字体，一般建议在 font-family 规则中都提供一个 serif（通用字体系列），这样当客户端无法提供匹配的字体时，可以选择一个候选字体。

2. 字体大小

font-size 属性用于设置字体的大小，该属性的值可以使用绝对单位或相对单位。常用的绝对单位见表 3-1。

表 3-1　常用的绝对单位

绝对单位	说明	绝对单位	说明
in	英寸	mm	毫米
cm	厘米	pt	点

绝对单位的使用不允许用户在浏览器中改变文本大小。

常用的相对单位见表 3-2。

表 3-2　常用的相对单位

相对单位	说明	用法
px	相对于显示器的屏幕分辨率	不能适应浏览器缩放时产生的变化，一般不用于响应式网站。浏览器默认的文字大小是 16px
em	相对于父元素，1em 等于父元素字体大小	默认情况下（1em = 16px），可以通过公式将像素转换为 em，如 32px/16 = 2em
rem	相对于 html 根元素，CSS3 新增的相对单位	通过修改根元素字体大小，调整所有字体大小，可以避免字体大小逐层复合的连锁反应

设置字体的一般方法如 p{font-size：16px；}，下面通过案例 demo3-3. html 来了解一下。demo3-3. html：

```
<！DOCTYPE html >
<html >
    <head >
        <meta charset = "utf-8" />
        <title >CSS字体大小</title >
        <style type = "text/css" >
            body{ font-size:20px;}
            p{ font-size:1rem;}
            span{ font-size:1em;}
        </style >
    </head >
    <body >
        <p >日照香炉生紫烟,遥看瀑布挂前川。</p >
        <span >飞流直下三千尺,疑是银河落九天。</span >
    </body >
</html >
```

页面效果如图 3-3 所示。

案例中，选择器 "p" 定义的规则使用的单位是 rem，相对的是根元素 <html >，这里并没有调整 <html > 的字

体大小，所以还是默认的 16px，因此 1rem = 16px，用 <p > 定义的元素字体大小表现为 16px；选择器 "span" 定义的规则使用的单位是 em，相对的是父元素 <body >，<body > 的字体大小被设置为 20px，所以 1em = 20px，用 <span > 定义的元素字体大小表现为 20px。

如果将本案例中 "body" 的字体大小调整为 24px，对 <span > 而言此时的 1em = 24px。

浏览器的默认字体都是 16px，所有未经调整的浏览器都符合 16px = 1em = 1rem，那么

日照香炉生紫烟，遥看瀑布挂前川。

飞流直下三千尺，疑是银河落九天。

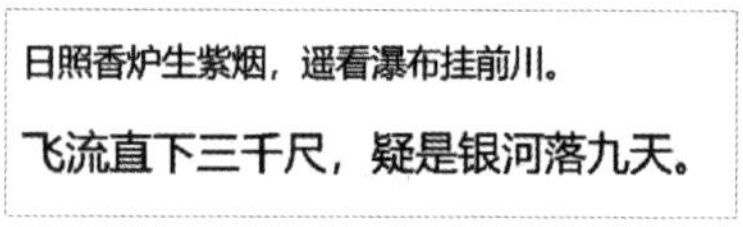

图 3-3　CSS 字体应用效果

$10px = 0.625em = 0.625rem$。为了简化 font-size 的换算，在 CSS 样式中对 html 选择器声明 font-size = 62.5%，这就使 rem 值变为 $16px \times 62.5\% = 10px$，即 $10px = 1rem$，这样处理之后只需要将原来的 px 值除以 10，就可以换算成 rem。例如：

```
html,body{
    font-size:62.5%;
}
```

3. 字体加粗

font-weight 属性用于定义字体的粗细。其可用属性值见表 3-3。

表 3-3 字体加粗属性值

值	描述
normal	默认值。定义标准的字符
bold	定义粗体字符，最常用
bolder	定义更粗的字符
lighter	定义更细的字符
100 ~ 900（100 的整数倍）	定义由细到粗的字符。其中，400 等同于 normal，700 等同于 bold，值越大字体越粗

例如：

```
.one{ font-weight:bold;}
p{ font-weight:900;}
```

有些标签是自带样式的，如 hn、b、strong 标签默认具有 bold 样式。

4. 字体风格

font-style 属性用于定义字体风格，如设置斜体、倾斜或正常字体。其可用属性值如下。

- normal：默认值，浏览器会显示标准的字体样式。
- italic：浏览器会显示斜体的字体样式。
- oblique：浏览器会显示倾斜的字体样式。

其中，oblique 一般是让没有斜体属性的文字通过倾斜达到与 italic 类似的效果，实际工作中常使用 italic。例如：h3{ font-style:italic;}。

5. 字体变形

font-variant 属性用于设置变体（字体变形），仅对英文字符有效。其可用属性值如下。

- normal：默认值，浏览器会显示标准的字体。
- small-caps：显示小型大写的字体。

小型大写字母不是一般的大写字母，具体如图 3-4 所示，左边第一个字符是小写字母 "a"，右边第一个字符是大写字母 "A"，中间的字符就是小型大写字母 "A"。

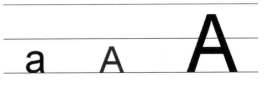

图 3-4 小型大写字母

6. 复合属性 font

CSS 字体有一个简写属性 font，通过这个属性可以一次设置多个字体属性，这些字体属性可按如下顺序设置，可以省略其中的一个或多个属性，但至少要包括 font-size 和 font-family 这两个属性。

- font-style。
- font-variant。
- font-weight。
- font-size/line-height。
- font-family。

例如，p{font:italic bold 12px/20px arial,sans-serif;}，这里的 20px 是属性 line-height 的值，设置的是行间距。

3.5.2　CSS 文本

CSS 文本属性主要负责定义文本的外观，包括文本颜色、文本对齐方式、文本修饰、文本转换和文本缩进以及字符间距等。

1. 文本颜色

color 属性用于定义文本的颜色，其取值方式有如下 3 种。

- 预定义的颜色值，如 color：red;，还有 blue、green、darkblue 等都是常见的预定义颜色值。
- 十六进制值，取值范围为 #000000 ～ #FFFFFF，如 #FF0000 表示红色，也可以简写为 #F00。
- RGB：R、G、B 分别代表光学三原色的红色、绿色、蓝色，它们的取值范围均为 0 ～ 255，如 RGB（255，0，0）表示红色。有时会进一步用 RGBA 来表示带透明度的颜色，A 表示透明度，取值范围是 0 ～ 1，如 RGBA（255，0，0，0.2）。

2. 文本对齐方式

text-align 属性用于设置文本内容的水平对齐方式，其可用属性值如下。

- left：左对齐（默认值）
- right：右对齐
- center：居中对齐

3. 文本修饰

text-decoration 属性用于设置文本的下画线、上画线、删除线等修饰效果，其可用属性值如下。

- none：没有装饰（正常文本默认值）
- underline：下画线
- overline：上画线
- line-through：删除线

4. 文本转换

text-transform 属性用于控制英文字符的大小写转换，其可用属性值如下。

- none：不转换（默认值）
- capitalize：首字母大写
- uppercase：全部字符转换为大写
- lowercase：全部字符转换为小写

例如，p{text-transform:lowercase;}，可以将整个段落中的所有英文字符转换成小写字符。

5. 文本缩进

text-indent 属性用于设置段落首行文本的缩进，常用 em、px 或%（基于父元素宽度的百分比）作为单位，通常情况下最简单的方式是使用 em 作为单位，这样缩进的距离和文本的大小对应，如 p{text-index:2em;}，表示缩进两个字符。

6. 字符间距/单词间距

1）letter-spacing 属性用于定义字符间距，设置的是字符或字母之间的间隔，允许使用负值，默认为 normal。例如：

```
h1{letter-spacing:10px;}          /*增加了字符之间的间隔*/
h3{letter-spacing:-0.2em;}        /*缩小了字符之间的间隔*/
```

未设置字符间距和设置了字符间距的效果分别如图 3-5 和图 3-6 所示。

图 3-5　未设置字符间距 　　　　　图 3-6　设置了字符间距

2）word-spacing 属性用于定义英文单词之间的间距，对中文字符无效。和 letter-spacing 一样，允许使用负值，默认为 normal。例如：

.one{word-spacing:15px;}或 .one{word-spacing:-15px;}

将属性值定义成正数和负数显示出来的效果如图 3-7 所示。从图中可以看出，正数的属性值增加了单词之间的间距，负数则正好相反，甚至会使单词发生部分重叠。

7. 行间距

line-height 属性用于设置行间距，即行与行之间的距离，一般称为行高。属性值单位可以是像素（px）、相对值（em）或者百分比（基于当前字体尺寸的百分比），如 p{line-height:150% ;}。如图 3-8 所示，线框表示的高度即为这行文本的行高。同一个段落中每一行文本的行间距相同，不同的段落可以设置不同的行间距。

图 3-7　单词间距 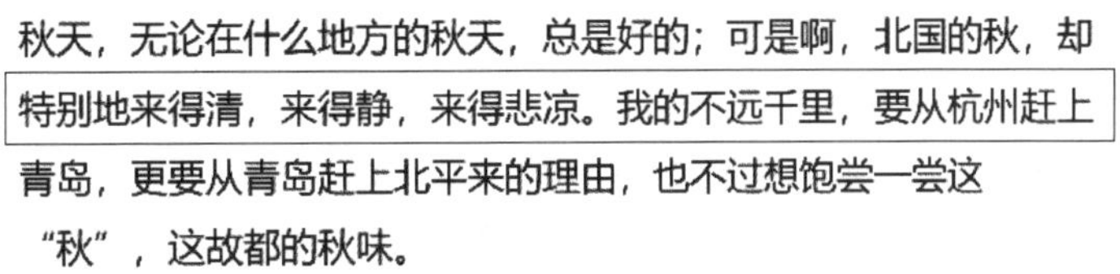　　　　　　　图 3-8　行间距

8. 空白符处理

在 CSS 中，使用 white-space 属性指定元素内的空白（包括空格、制表符、换行符）怎样处理。其可用属性值如下。

- normal：默认值，合并空白符序列（如多个空格会合并成一个空格），行满会自动换行。
- nowrap：合并空白符序列，行满不会自动换行。
- pre：空白会被浏览器保留，行满不会自动换行，其行为方式类似于 HTML 的 <pre> 标签。
- pre-wrap：空白会被浏览器保留，行满会自动换行。
- pre-line：合并空白符序列，但是保留换行符，行满会自动换行。
- inherit：从父元素继承 white-space 属性的值。

demo3-4.html：

```html
<!DOCTYPE html>
<html>
    <head>
        <meta charset="utf-8">
        <title>white-space</title>
        <style>
            p{
                white-space:pre;
            }
        </style>
    </head>
    <body>
        <p>
                鸟    鸣    涧
                唐    王维

            人闲桂花落,夜静春山空。
            月出惊山鸟,时鸣春涧中。
        </p>
    </body>
</html>
```

未设置样式的页面效果如图 3-9 所示，文档中的空白符都被合并处理了。

对标签 <p> 设置了 white-space 样式后，如图 3-10 所示。

鸟 鸣 涧唐 王维 人闲桂花落, 夜静春山空. 月出惊山鸟, 时鸣春涧中.

图 3-9　默认情况的空白处理　　　　图 3-10　设置 white-space：pre；的空白处理

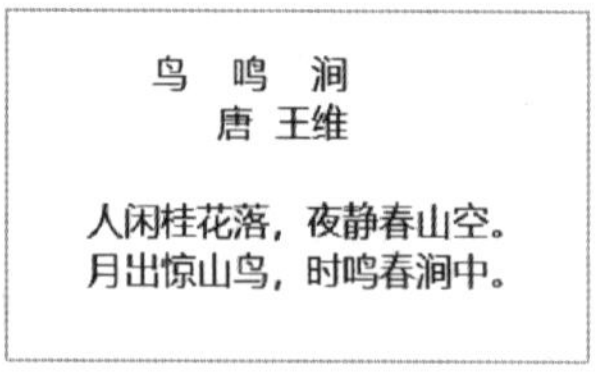

读者还可以把 white-space：pre；替换为其他选项，缩放浏览器窗口，观察文本的换行情况，以及对空白的其他处理方式。

本章小结

本章介绍了 CSS 基本语法规则、CSS 基本选择器、引用 CSS 样式的 4 种方式及 CSS 文本样式的常用属性。

通过本章的学习，应理解 CSS 选择器的含义，掌握定义 CSS 样式规则的方法，掌握将这些样式文件引用到网页文档中的方法，能熟练运用文本属性美化文字。

【动手实践】

文本的美化

1. 请利用所学的 CSS 样式知识，结合 HTML 标签的使用，模拟搜索结果的样式，完成图 3-11 所示内容的制作。

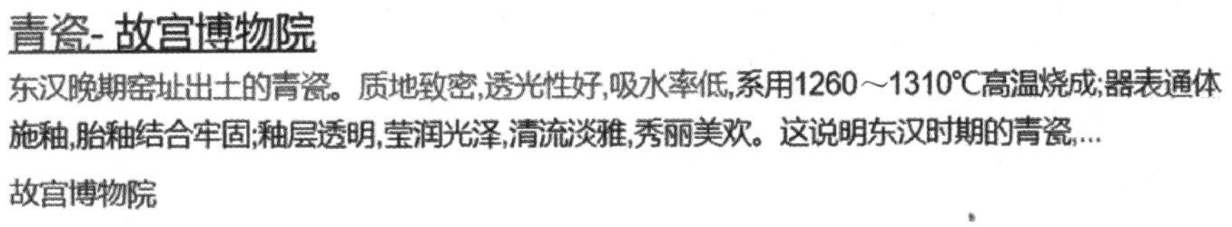

青瓷- 故宫博物院
东汉晚期窑址出土的青瓷。质地致密,透光性好,吸水率低,系用1260～1310℃高温烧成;器表通体施釉,胎釉结合牢固;釉层透明,莹润光泽,清流淡雅,秀丽美欢。这说明东汉时期的青瓷…
故宫博物院

图 3-11　【动手实践】题 1 图

2. 利用所学的 CSS 样式知识，结合 HTML 标签，模拟制作谷歌的 Logo，效果如图 3-12 所示。

图 3-12　【动手实践】题 2 图

【思考题】

1. CSS 基本选择器有哪几种？它们各自的特点是什么？分别适用于什么情况？
2. 在网页中引用 CSS 样式有几种方式？分别说说它们的不同。

第4章

CSS复合选择器及特性

在学习 CSS 样式基础的时候，我们掌握了 CSS 基本选择器的定义和使用方法，可以在简单文档中快速找到需要设置样式的元素，但当文档内容变得更丰富，结构变得更复杂后，就需要借助更多的 CSS 选择器来帮助我们快速、精准地找到要设置样式的对象。本章将通过详细介绍，帮助大家掌握更多、更灵活的 CSS 选择器用法，同时进一步了解 CSS 的特性。

📝学习目标

1. 掌握更多 CSS 选择器的用法
2. 能根据需要合理的选用不同的选择器
3. 掌握 CSS 的主要特性

4.1 CSS 组合选择器

组合选择器是以两个或多个基本选择器为基础，通过组合产生出新的选择器，而这种组合通常可以直接反映出这些元素在文档结构中的相互位置关系。

4.1.1 后代选择器

当标签发生嵌套时，内层标签就成为外层标签的后代，后代选择器就是利用这种嵌套关系实现选择内层对象的目的。后代选择器的定义在两个选择器之间用"空格"来描述。

基本语法：

```
selector   selector { property:value;…}
```

其中，selector 为选择器，"property：value；"为属性值对。例如：

```
ul li{font – size:16px;}
```

li 是 ul 的后代，表示匹配所有嵌套在标签 < ul > 中的 < li >。

demo4-1. html：

```
< ! DOCTYPE html >
< html >
    < head >
        < meta charset = "utf – 8 " >
        < title >组合选择器——嵌套关系 < /title >
    < /head >
    < body >
        < ul >嵌套关系
            < li >后代选择器 < /li >
            < li >子元素选择器 < /li >
```

```
          </ul>
          <ol>兄弟关系
               <li>相邻兄弟选择器</li>
               <li>普通兄弟选择器</li>
          </ol>
     </body>
</html>
```

对该案例的 HTML 文档结构分析得出：<ul>、<ol>、<li>都是<body>的后代，<ul>和<ol>也都有自己的后代<li>。

在 demo4-1. html 中加入如下 CSS 样式代码，观察网页样式的变化。

```
<style type="text/css">
/* 后代选择器 */
     body li {                    /*匹配到 body 的后代元素 li*/
         font-style:italic;
     }
     ul li {                      /*匹配到 ul 的后代元素 li*/
         text-decoration:underline;
     }
</style>
```

页面效果如图 4-1 所示。

文档中的 4 个<li>都匹配了"body li"选择器，表现为"斜体"样式，只有前两个<li>匹配了"ul li"选择器，表现为"修饰下画线"样式。

后代选择器的应用不仅可以减少 class 选择器的使用，保持 HTML 文档的简洁，还可以实现更精准地选择需要设置样式的对象。

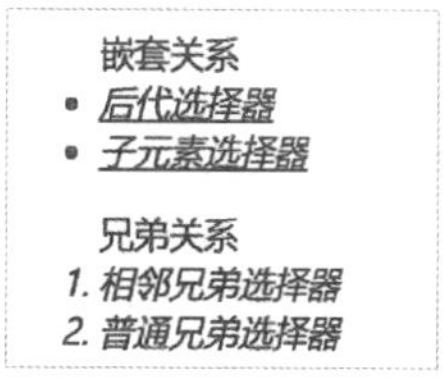

图 4-1　后代选择器的应用效果

4.1.2　子元素选择器

子元素选择器很容易和后代选择器混淆，后代选择器只要是内层嵌套的元素都是外层元素的后代，对于可能出现的多层嵌套关系并不加以区别，而子元素选择器定义的仅仅是指父元素的下一级元素，在两个选择器之间用">"来描述。

基本语法：

```
selector > selector { property:value;…}
```

例如，在 demo4-1. html 的样式中继续添加如下样式定义语句：

```
/* 子元素选择器 */
ul>li{                   /*匹配到 ul 的子元素 li*/
    color:blue;
}
body>li{                 /*没有匹配到符合条件的子元素*/
    font-weight:bold;
}
```

在本案例中，body >li 没有匹配到符合条件的子元素，但 ul >li 可以匹配到两个子元素。

4.1.3　相邻兄弟选择器

相邻兄弟选择器是指紧接在一个元素之后的元素，两者有相同的父元素，两个选择器之间用"+"号来描述。

基本语法：

```
selector + selector { property:value;…}
```

demo4-2.html：

```html
<!DOCTYPE html>
<html>
    <head>
        <meta charset = "utf-8">
        <title>组合选择器——兄弟关系</title>
        <style type = "text/css">
            h3 + p{
                font-family:华文彩云;
            }
        </style>
    </head>
    <body>
        <h1>望庐山瀑布</h1>
        <h3>唐-李白</h3>
        <p>日照香炉生紫烟,</p>
        <p>遥看瀑布挂前川。</p>
        <p>飞流直下三千尺,</p>
        <p>疑是银河落九天。</p>
    </body>
</html>
```

案例中，嵌套在<body>标签中的所有标签都是兄弟关系，h3+p匹配的是紧挨在<h3>后的第一个<p>段落，所以古诗中的"日照香炉生紫烟"表现为"华文彩云"的字体样式，页面效果如图4-2所示。

思考一下：本案例中如果有样式规则：p+p{color:blue;}，会有哪几句古诗显示为蓝色呢？

4.1.4　普通兄弟选择器

普通兄弟选择器是指一个元素后面的所有与该元素拥有相同父元素的兄弟（元素），选择器之间用"~"来描述。

基本语法：

```
selector ~ selector { property:value;…}
```

如果将 demo4-2.html 文档中的 h3+p{font-family:华文彩云;}修改为普通兄弟选择器 h3~p{font-family:华文彩云;}，文档中的 4 个<p>段落均会表现为"华文彩云"的字体样式。

望庐山瀑布

唐-李白

日照香炉生紫烟，

遥看瀑布挂前川。

飞流直下三千尺，

疑是银河落九天。

图4-2　相邻兄弟选择器的
应用效果

4.2 伪类选择器

网页中某些元素在用户的交互行为作用下状态是可以发生变化的，如元素获得焦点时或元素被鼠标悬停时，还有一些元素在文档中具有一些特殊的结构位置，如表格中所有的单数行等，CSS 伪类就是描述元素的特殊状态或特殊结构。伪类的名称不区分大小写，但要以冒号"："开头。伪类需要与 CSS 选择器结合成伪类选择器来使用，将某种特定状态或特殊结构下的元素作为需要设置样式的对象。

伪类选择器的基本语法：

```
selector:pseudo-class {property:value;…}
```

其中，pseudo-class 表示伪类的名称，伪类选择器分为状态伪类和结构性伪类。

4.2.1 状态伪类

1. anchor 伪类（锚伪类）

anchor 伪类是与超链接有关的伪类，在浏览器中，超链接可以表现为 4 种状态。

- :link，未被访问过的状态。
- :hover，鼠标悬停状态。
- :active，活动状态，即鼠标按下不动时的状态。
- :visited，已访问过的状态。

浏览器对超链接的伪类状态有默认的样式解析，如 link 状态下，超链接的文本表现为"蓝色字体且具有下画线"，利用伪类选择器可以对这些默认样式进行修改。

demo4-3.html：

```html
<!DOCTYPE html>
<html>
    <head>
        <meta charset="UTF-8">
        <title>anchor 伪类</title>
        <style>
            a{                      /* 对超链接做整体初始化设置 */
                text-decoration:none;
            }
            a:link{
                color:black;
            }
            a:visited{
                color:orange;
            }
            a:hover{
                text-decoration:underline;
                color:red;
            }
            a:active{
                color:blue;
            }
```

```
        </style>
    </head>
    <body>
        <div>
            <a href="#1">首页</a>
            <a href="#2">新闻</a>
            <a href="#3">教育</a>
            <a href="#4">考试</a>
        </div>
    </body>
</html>
```

效果如图 4-3 所示。

anchor 伪类很常用，需要注意的是：在定义过程中，a：hover 必须被置于 a：link 和 a：visited 之后，a：active 必须被置于 a：hover 之后，才是有效的。

图 4-3　超链接的伪类样式

一般情况下，未访问的链接和访问过的链接状态设置成相同状态，活动状态响应时间太短，不进行设置，因此，前面的代码可优化改写为：

```
<style>
    a:link,a:visited{
        text-decoration:none;
        color:black;
    }
    a:hover{
        text-decoration:underline;
        color:orange;
    }
</style>
```

除了超链接 a，很多元素也可以设置：hover 伪类，常见的有对图片设置鼠标悬停效果，如 img:hover{width:100px;}，当鼠标悬停在该图片上时，图片宽度显示为 100px。

2. :focus 伪类

:focus 伪类主要应用于获得输入焦点的元素，比较常见的是表单中的一些控件，如 <input type="text"/> 这样的文本输入控件。例如，案例 demo4-4. html，类名 .inp 的元素获得焦点前后的效果如图 4-4 所示。

demo4-4. html：

```
<head>
    <meta charset="utf-8">
    <title>focus 伪类</title>
    <style type="text/css">
        .inp:focus{
            width:200px;
        }
    </style>
</head>
```

```
<body>
    <input type = "text" name = "user" placeholder = "用户名" class = "inp"/> <br>
    <input type = "password" name = "psd" placeholder = "密码" />
</body>
```

用户名		用户名	
密码		密码	

图 4-4　focus 伪类应用效果图

4.2.2　结构性伪类

结构性伪类是 CSS3 新增的选择器，利用文档结构的上下文关系来匹配元素，能够减少 class 类的定义，使文档结构更简洁。常见的结构性伪类见表 4-1。

表 4-1　结构性伪类

元素名	描述
:first-child	匹配父元素的第一个子元素
:last-child	匹配父元素的最后一个子元素
:only-child	匹配父元素唯一的一个子元素
:only-of-type	匹配父元素有且只有一个指定类型的元素
:nth-child（n）	匹配父元素的第 n 个子元素
:nth-last-child（n）	匹配父元素的倒数第 n 个子元素
:nth-of-type（n）	匹配父元素定义类型的第 n 个子元素
:nth-last-of-type（n）	匹配父元素定义类型的倒数 n 个子元素
:first-of-type	匹配一个上级元素的第一个同类子元素
:last-of-type	匹配一个上级元素的最后一个同类子元素

例如，案例 demo4-5. html，li：first-child 匹配列表项的第一个 li 元素，li：nth-child（3）匹配列表项的第 3 个 li 元素，li：nth-child （2n）表示匹配偶数列的 li 元素，li：nth-child（2n + 1）表示匹配奇数列的 li 元素，也可以用 even 表示偶数，odd 表示奇数，效果如图 4-5 所示。

- JavaEE培训
- Android培训
- *PHP培训*
- UI设计培训
- iOS培训
- 前端与移动开发培训
- C/C++培训

图 4-5　结构性伪类

demo4-5. html

```
<head>
    <meta charset = "utf -8">
    <title>结构性伪类</title>
    <style type = "text/css">
        li:first - child {
            text - decoration: underline;
        }
        li:nth - child(3){
            font - size:24px;
            font - style:italic;
        }
```

```
        li:nth - child(2n){          /* 这里可以用 li:nth - child(even)替换 */
            color: orange;
        }
        li:nth - child(2n +1){       /* 这里可以用 li:nth - child(odd)替换 */
            color: green;
        }
    </style >
</head >
<body >
    <div >
        <ul >
            <li >JavaEE 培训 </li >
            <li >Android 培训 </li >
            <li >PHP 培训 </li >
            <li >UI 设计培训 </li >
            <li >iOS 培训 </li >
            <li >前端与移动开发培训 </li >
            <li >C/C + + 培训 </li >
        </ul >
    </div >
</body >
```

结构性伪类常用于表格元素或其他结构较整齐的列表项元素的美化。

4.3　伪元素选择器

CSS 伪元素指向的是比较抽象存在的内容。例如，元素的部分内容，又或者是基于元素前后位置构建出的内容等。

伪元素的基本语法：

```
selector::pseudo - element {property:value;…}
```

其中，::pseudo-element 表示伪元素的名称，需要注意的是伪元素采用双冒号"::"，这样也便于和伪类进行区分，常见的伪元素包括：

- ::first-letter，选择元素文本的第一个字（母）。
- ::first-line，选择元素文本的第一行。
- ::before，在元素内容的最前面添加新内容。
- ::after，在元素内容的最后面添加新内容。

伪元素需要与 CSS 选择器结合起来成为伪元素选择器，例如，p::first-line 表示选择该段落的第一行作为设置样式的对象，div::before 表示在该 div 内部所有元素内容的前面添加新内容。

案例 demo4-6. html 是在 demo4-3. html 的基础上继续在 <style> 标签中添加如下代码实现的，利用伪元素选择器在导航的前面添加图片，在导航后面添加文字，效果如图 4-6 所示。

```
/* 在 div 元素内容的前面添加伪元素图片 */
div::before {
```

```
        content:url(img/hf.jpg);
        display:block;
    }
/* 在 div 元素内容的后面添加伪元素文字 */
    div::after{
        content:"计算机班级简介";
        font-size:24px;
        color:#000099;
    }
```

首页 新闻 教育 考试 **计算机班级简介**

图 4-6   伪元素选择器

伪元素是在不改变原文档 HTML 结构的基础上，利用 CSS 样式添加的新内容，添加的伪元素默认显示方式是 inline-block，可以通过 display 属性修改它的显示方式，也可以对其设置字体、大小、颜色等各种属性。需要注意的是，哪怕 content 的内容为空，也会保留语句 content:";

4.4　属性选择器

属性选择器是根据元素的属性及属性值来选择元素的。

基本语法：

[attribute]{ property:value;…}

其中，[attribute] 表示以 attribute 命名属性的元素。

如果进一步利用 attribute 属性关联的属性值来选择元素时，可以匹配完整的属性值，也可以利用通配符匹配属性值的部分值，见表 4-2。

表 4-2　与元素属性及属性值相关的选择器

选择器	实例	说明
[attribute]	[type]	选择带有 type 属性的所有元素
[attribute = value]	[type = "text"]	选择带有 type 属性，且值为 text 的所有元素
[attribute ~ = value]	[class ~ = "data"]	选择带有 class 属性，且值包含独立单词"data"的所有元素
[attribute| = value]	[class| = "one"]	选择带 class 属性，且值是"one"或是以"one-"开头的所有元素。
[attribute * = value]	a[href * = "demo"]	选择其 href 属性值包含"demo"的所有 <a> 元素。"demo"不必是完整的单词
[attribute^ = value]	a[href^ = "demo"]	选择其 href 属性值以"demo"开头的所有 <a> 元素。"demo"不必是完整的单词
[attribute $ = value]	a[href $ = ".html"]	选择其 href 属性值以".html"结尾的所有 <a> 元素。"html"不必是完整的单词

通过案例 demo4-7. html 展示部分属性选择器的用法,效果如图 4-7 所示。

demo4-7. html:

```
<! DOCTYPE html >
<html>
    <head>
        <meta charset = "utf - 8">
        <title>属性选择器</title>
        <style>
            /* 匹配具有 type 属性的 input */
            input[type]{
                width:200px;
            }
            /* 值匹配,筛选出 type 值为 'text' 的 input */
            input[type ='text']{
                color:red;
            }
            /* 前缀匹配,筛选出 class 属性值是以 'div_' 开头的 div */
            div[class^='div_']{
                color:blue;
            }
            /* 后缀匹配,筛选出 class 属性值是 'data' 结尾的 p */
            p[class $ ='data']{
                color:orange;
            }
            /* 字符匹配,匹配类名包含 '_1' 的元素 */
            [class * ='_1']{
                text - decoration:underline;
            }
        </style>
    </head>
    <body>
        账号:<input type = "text" value = "admin"><br>
        密码:<input type = "password"><br>
        <div class ='div_1'>前缀匹配 + 字符匹配</div>
        <div class ='div_2'>前缀匹配</div>
        <p class ='p_1data'>后缀匹配 + 字符匹配</p>
        <p class ='p_2data'>后缀匹配</p>
    </body>
</html>
```

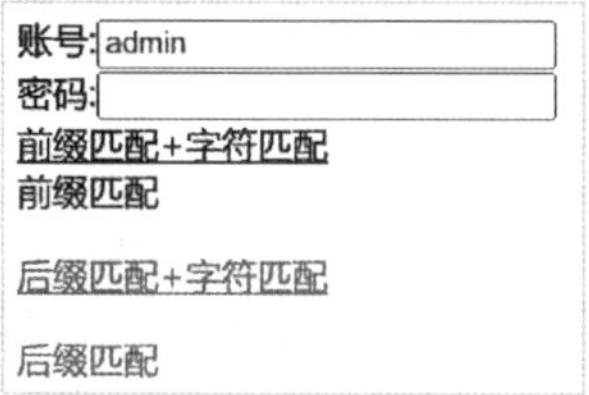

图 4-7 属性选择器的应用

以上介绍了各类选择器的使用,在实际工作中,可以根据需要合理的运用选择器,既能精准地找到要设置样式的元素,又能让文档简洁,方便阅读理解。

4.5 CSS 的特性

在掌握了 CSS 选择器的使用方法后,为了科学高效的运用选择器,还要深入了解 CSS 的特性,才能在应用的过程中,充分发挥 CSS 的作用,避免冲突。

CSS 主要有两大特性：继承性和层叠性。

4.5.1　CSS 的继承性

文档的上下文关系，在 HTML 结构中大多是通过嵌套来表现的，继承性就是基于这种嵌套关系的子元素对父元素样式的继承。继承性的特点主要包括以下两方面：

- 子元素继承父元素部分的 CSS 样式风格。
- 子元素可以产生新的 CSS 样式，不会影响父元素。

demo4-8. html：

```
<!DOCTYPE html>
<html>
    <head>
        <meta charset = "UTF-8">
        <title>CSS继承性</title>
        <style>
            h1 {
                font-style:italic;
            }
            .test1 {
                text-transform:uppercase;
            }
            span {
                text-decoration:line-through;
                color:red;
            }
        </style>
    </head>
    <body>
        <h1 class = "test1">hello<span>world</span></h1>
    </body>
</html>
```

结果如图 4-8 所示，其中"world"不仅包含由 < span > 标签定义的样式，还继承了由 < h1 > 和类"test1"定义的样式，效果如图 4-9 所示。

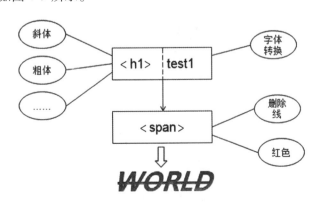

图 4-8　样式效果图　　　　　　　　图 4-9　"world"继承性演示图

标签 < h1 > 本身具有一些默认的样式，如黑体、粗体等，这些属性也被"world"继承了。当然并不是所有的 CSS 属性都会被继承，父元素的以下属性就不会被子元素继承。

- 边框属性；
- 外边距属性、内边距属性；
- 背景属性；
- 定位属性、布局属性；
- 元素宽、高属性。

利用 CSS 的继承性，可以减少代码的编写量，提高文档的可读性。

4.5.2 CSS 的层叠性

CSS 的层叠性是指将多种 CSS 样式叠加在同一个元素上，层叠既包括来自同级元素样式的定义，也包括由于继承性引起的样式定义。案例 demo4-8. html 中的"world"文本，就通过继承将 < h1 > 和"test1"的样式连同自定义的样式层叠到了一起，如图 4-10 所示。

在层叠的过程中可能引起样式的冲突，例如，对 demo4-8. html 中的 CSS 代码做一些修改，为"test1"增加一个规则"test1{color:blue;}"，这时文本"world"从类"test1"处继承了字体颜色"blue"，而自身标签 < span > 也定义了字体颜色"red"，层叠的过程发生了样式的冲突，如图 4-11 所示，那么该元素最终会显示什么颜色呢？

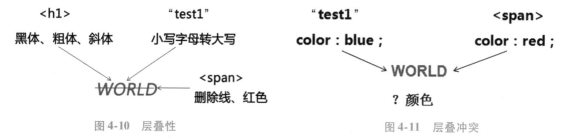

图 4-10 层叠性　　　　　　　　　　　图 4-11 层叠冲突

为了解决层叠可能引起的样式冲突，提出了优先级的概念。

4.5.3 CSS 的优先级

CSS 的优先级是指当由于样式层叠而引发冲突的时候，浏览器根据优先级来决定该元素应用哪个样式。优先级则由选择器的匹配规则即优先顺序来决定，下面将对这些匹配规则进行讨论。

1. 引用样式表的优先顺序

根据引用 CSS 样式的方式不同，优先级的顺序是内联样式 > 内部样式 > 外部样式。

如果外部样式在内部样式的后面引用，如 demo4-9. html 代码所示，外部样式的优先级反过来高于内部样式。

```
< head >
    < meta charset = "UTF - 8 " >
    < title >优先级 < /title >
    < style >
        /* 内部样式文件 */
        span{
            color:red;
```

```
        }
    </style>
    <link rel = "stylesheet" type = "text/css" href = "css/demo9.css"/>
</head>
```

我们可以将这个优先顺序总结为"就近原则",谁离 HTML 结构近,谁的样式优先。

2. 继承性的优先级

当 HTML 结构嵌套较深时,一个元素的样式可能会受它多层祖先元素样式的影响,这时它们的优先顺序是元素的自定义样式 > 最近祖先 > 其他祖先。

由此对于图 4-11 中文本"world"的颜色可以得出结论,由 < span > 自定义的颜色高于从类"test1"中继承来的颜色,所以最后颜色确定为红色。

3. 选择器的优先级

选择器的优先级是通过计算每个选择器的权重值得出的,权重值大的优先级高,一般选择器的权重值见表4-3。

表 4-3 选择器的权重值

继承样式	标签选择器	类选择器	ID 选择器	内联样式表	! important 规则
0	1	10	100	1000	10000 +

在案例 demo4-10. html 中,我们定义了大量冲突的样式,综合分析元素的继承性、层叠性,分析选择器的权重值,思考"world"最终采用哪条样式规则?表现的字体颜色是什么?

demo4-10. html:

```
<head>
    <meta charset = "UTF-8">
    <title>选择器的权重值</title>
    <style>
        h1 {
            color:blue;
        }
        .test1 {
            color:gray;
        }
        span {
            color:yellow;
        }
        h1 span {
            color:green;
        }
        .test1 span {
            color:red;
        }
    </style>
</head>
<body>
    <h1 class = "test1">hello<span>world</span></h1>
</body>
```

现将所有选择器的权重值以表格形式列举出来，见表4-4。

表4-4　权重的计算

选择器	权重值	说明
h1	0	对于"world"，< h1 >是继承样式，权重为0
. test1	0	对于"world"，类"test1"是继承样式，权重为0
span	1	标签选择器，权重值为1
h1 span	1 + 1	组合选择器，计算"标签选择器 + 标签选择器"权重之和
. test1 span	10 + 1	组合选择器，计算"类选择器 + 标签选择器"权重之和

根据计算，选择器". test1 span"的权重值为11，最大，因此它的优先级最高，最后文本"world"的字体颜色显示为"red"。

在上面的CSS样式表中，如果在"h1 span"的规则中增加一个"！important"，具体代码如下所示：

```
h1 span{color:green!important;}
```

文本"world"的最终颜色会显示为"green"，这是因为"！important"规则表示的优先级最大，它使得"h1 span"的权重值变为10000 +，超越了". test1 span"的权重值，所以浏览器最后选择了"h1 span"定义的样式。但要注意的是，如果将"！important"应用于另一条规则上，效果又不一样，代码如下：

```
h1{color:blue!important;}
```

虽然"！important"规则的应用使标签选择器< h1 >的权重值变为10000 +，但对于文本"world"而言，标签< h1 >的样式是继承样式，权重值依然为0，选择器". test1 span"的权重值依然是最大的。

4. 其他选择器的优先级

除了一般选择器外，我们还学习过属性选择器、伪类选择器和伪元素选择器，它们的权重值是如何定义的呢？参考以下规则：

- 属性选择器 = 伪类选择器 = 类选择器；
- 伪元素选择器 = 标签选择器。

除了这些CSS优先级规则外，还要注意以下几个问题：

1）当权重值相等时，后出现的样式规则设置要优于先出现的样式规则设置，即遵循"就近原则"。

2）为每个选择器分配的权重值仅仅是用来比较大小的，权重值的具体数据是没有任何意义的。

3）创作者的规则优于浏览者，即网页编写者设置的CSS样式优于浏览器所设置的样式。

本章小结

本章介绍了CSS组合选择器及属性选择器、CSS伪类和CSS伪元素等其他选择器。通过学习和案例操作，读者应掌握这些复合选择器的应用方法。在应用过程中会遇到由于CSS的继承性和层叠性造成的样式冲突问题，需要我们利用掌握的 CSS 优先规则去解决。

【动手实践】

1. 在豆瓣网首页有一个"热门话题"栏目，如图 4-12 所示，选择合适的选择器，对元素内容设置样式，完成该效果。

图 4-12　【动手实践】题 1 图

2. 根据图 4-13 所示的样式，制作表格。

学号	姓名
001	张琦
002	李萌
003	祁山
004	程琪
005	刘曦
006	赵瑜

表格的美化

图 4-13　【动手实践】题 2 图

【思考题】

1. 思考一下不同选择器的应用场景，如何在不新增类的前提下，利用复合选择器实现样式的定义？

2. CSS 的两大特性是什么？它们可能会对元素的样式造成什么样的影响？如何规避这些影响？

第5章

CSS盒模型

通过之前的学习，我们掌握了利用 CSS 选择器选择网页元素的方法，本章我们将引入一个重要的概念——盒模型，它可以帮助我们更进一步地理解 CSS 是如何格式化和管理网页元素的。

5.1 CSS 盒模型的概念

CSS 将 HTML 元素看成一个矩形盒子，并通过这个矩形盒子的组成要素来描述其占用的空间，这个模型就称为盒模型（Box Model）或框模型。网页上的所有元素都可以看成盒子。如图 5-1 所示，我们将一个网页上的所有元素用虚线框描绘出来，每一个虚线框就是一个这样的盒子。

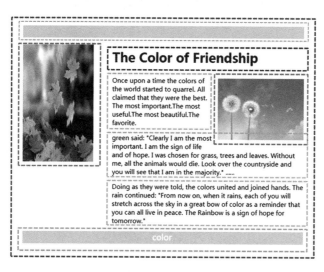

图 5-1　用盒子描绘的网页元素

从图 5-1 中可以看出，盒子与盒子之间的关系可以水平排列、垂直排列，也可以嵌套或者互相层叠，通过设置盒子的样式以及管理多个盒子之间的位置关系是实现页面布局的重要基础。

5.2　CSS 盒模型的组成要素

初学网页设计的人经常会有一个体会，就是设置了一个元素的宽度和高度，但最后这个元素在页面中占据的实际空间可能和预期的不大一样，要理解和解决这个问题，需要掌握盒模型的组成要素及它们是如何描述盒模型的。

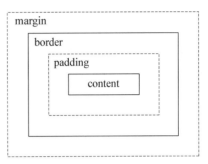

盒模型通过四个组成要素来描述：content（内容区域）、border（边框）、padding（内边距）和 margin（外边距），这四个要素决定盒子在页面中的实际大小。盒模型的组成如图5-2所示。

下面我们将逐一分析这些组成要素，并介绍如何通过设置这些要素实现对盒子的管理。

图 5-2　盒模型的组成

5.2.1　内容区域

盒子的内容区域指的是元素本身的内容区域，由元素的宽度属性 width 和高度属性 height 定义。例如，我们对图5-1中的图片和段落设置样式规则，主要代码如下。

demo5-1. html：

```
<head>
    <meta charset = "utf -8">
    <title>content</title>
    <style>
        img {
            /* 1. 设置 img 元素的 content */
            width:200px;
            height:200px;
        }
        p {
            /* 1. 设置 p 元素的 content */
            width:300px;
            height:150px;
        }
    </style>
</head>
<body>
    <img src - "img/5 -1.jpg" alt ="枫叶">
    <p > Once upon a time the colors of the world started to quarrel.All
        claimed that they were the best.The most important.The most
        useful.The most beautiful.The favorite. </p>
</body>
```

在浏览器中图片按设定的尺寸显示，段落虽然不能像图片那样直观地看出它的尺寸，但它的文本内容也会包含在设定的范围内，如图5-3所示。

对于像段落这样没有固定形态的元素，如果其中的文本内容较多，而设定的长、宽尺寸不够时，文本会溢出。

由内容区域所设定的宽度和高度并不是盒子的实际尺寸，它只是构成盒子空间的主要部分，盒子的最终尺寸还要看另外三个组成要素的设置情况。

5.2.2 边框

边框是指从四周包裹元素的线条，通过设置边框既可以美化元素，也可以增强元素的边界感。用来设置边框样式的三个属性分别是：

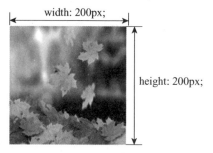

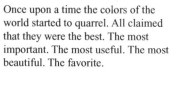

图5-3　设置元素的宽度和高度

● width：设置线条的粗细，如果将width设置成为0，边框的其他两个属性将无效。

● style：设置线条的显示样式，常用的有：solid（实线）、dashed（虚线）、dotted（点线）、double（双线）等。

● color：设置线条的颜色，缺省时取元素的前景色。

边框的设置非常灵活，可以按边框属性设置，也可以按线条方向设置，还可以将属性和线条方向结合起来设置。

1. 按边框属性设置

例如：

```
border-width:3px;
border-style:dashed;
border-color:#008000;
```

可以利用边框的复合属性border简化这段代码，如下：

```
border:3px dashed #008000;
```

属性值之间不分先后，用空格分隔，这种方式能快速地为盒子的4条边框设置相同的样式。

2. 按线条方向设置

例如：

```
border-top:1px solid red;
border-right:5px dotted blue;
border-bottom:1px solid red;
border-left:5px dotted blue;
```

通过指定方向，可以实现边框的差异化设置。

3. 属性和线条方向结合起来设置

例如：

```
border-top-width:3px;
border-top-style:dashed;
```

```
border-top-color:#008000;
```

这种方式往往是为了设置有单独样式需求的某条边框。

对 demo5-1.html 的样式部分进行补充，给元素 img 和 p 分别加上不同样式的边框，添加的代码如下：

```
<style>
    img{
        /* 2.设置 img 元素的 border,按边框方向设置 4 条边框 */
        border-top:3px solid green;
        border-right:5px dotted blue;
        border-bottom:3px solid green;
        border-left:5px dotted blue;
    }
    p{
        /* 2.设置 p 元素的 border,用复合属性设置 4 条边框 */
        border:2px dashed orange;
        /* 2.设置 p 元素的 border,按属性和方向单独设置 top 方向的边框 */
        border-top-width:4px;
        border-top-style:dashed;
        border-top-color:#008000;
    }
</style>
```

效果如图 5-4 所示。

5.2.3　内边距

在元素内容和边框之间存在一片空白区域，如图 5-5 所示，这个区域的大小由盒子的内边距来设定。

图 5-4　边框效果

内边距

图 5-5　盒子的内边距

和边框属性一样 padding 可以对每个方向的内边距进行独立设置，例如：

```
padding-top:5px;
padding-right:10px;
```

```
padding-bottom:15px;
padding-left:20px;
```

也可以利用复合属性 padding 简化上述代码，例如：

```
padding:5px 10px 15px 20px;
```

每个方向的内边距匹配属性值时，始终以 top 方向为起点，按顺时针方向依次为上边距 5px、右边距 10px、下边距 15px 和左边距 20px。当属性值有缺省时取对称方向的内边距值，如果只有 1 个属性值表示 4 个方向的取值均相同。参考代码如下：

```
padding:5px 10px 15px 20px;      /*上5px、右10px、下15px、左20px*/
padding:5px 10px 15px;           /*上5px、右10px、下15px、左缺省取10px*/
padding:10px 20px;               /*上10px、右20px、下缺省取10px、左缺省取20px*/
padding:20px;                    /*4个方向均为20px*/
```

padding 属性值可以接受 px、pt 等长度单位，也可以接受%（百分比），但不允许使用负值，百分比是相对于父元素的 width 计算的，如果父元素的 width 改变，该元素的 padding 值也会随之改变。

对案例 demo5-1.html 中的元素 img 和 p 继续添加内边距 padding 样式，添加的代码如下：

```
<style>
    img {
        /*3.添加img元素的内边距padding*/
        padding:10px 20px 30px 40px;
    }
    p {
        /* 3.添加p元素的内边距padding */
        padding:10px 20px;
    }
</style>
```

效果如图 5-6 所示。

图 5-6　元素的 padding

5.2.4　外边距

外边距是以元素的边框为界向外创建的空白区域，通常是用来控制盒子和其他元素之间的相互间隔。如图 5-7 所示，围绕在图片四周用箭头标注的空白区域就是由该图片盒子设定的外边距所产生的。

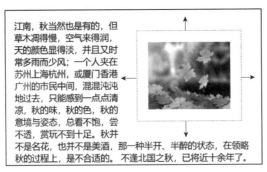

图 5-7　图片盒子的外边距

margin 属性的设置方法、取值单位与 padding 属性类似，不同的是 margin 可以取负数，元素的行块类型也会使 margin 属性值的有效性不同，例如行元素的 margin-top 和 margin-bottom 无效，块状元素的 margin 属性值可以设置为 auto。

块元素的 margin 取值 auto 会使该元素在其父容器内平均分配剩余空间给左右外边距，利用这个特点可以实现元素在其父容器内部水平居中，但这个特点对行元素和行块元素无效。

例如，给 demo5-1.html 中的 img 元素和 p 元素继续添加 margin 属性，添加的代码如下：

```
<style>
    img{
        /* 4.设置img元素的外边距margin */
        margin:10px 20px;
    }
    p{
        /* 4.设置p元素的外边距margin */
        margin:50px;
    }
</style>
```

在 Google 浏览器中运行该文件，选择浏览器菜单中的"更多工具"——"开发者工具"，在这里可以查看元素的 style 设置，选中 img 元素，可以查看到 img 的盒模型效果如图 5-8 所示。

在以后的学习过程中，会经常使用开发者工具来查看并调试代码。更多外边距有效性的规则将在 5.5 节详细介绍。

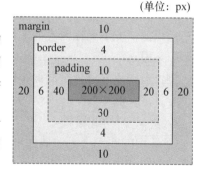

图 5-8　img 的盒模型

5.3　盒子的 box-sizing 属性

1. 盒子大小

当完成对盒子组成要素的设置后，发现该盒子在页面中的实际占位空间可能超出了对元素内容设置的尺寸。页面设计时要考虑的是盒子的实际大小。

一个盒子的实际大小 = content + padding + border + margin。

demo5-2.html：

```
<style type="text/css">
    img{
        width:150px;
        height:120px;
        border:2px dotted orangered;
        padding:10px;
        margin:20px;
    }
</style>
```

该图片在浏览器中的显示效果和其盒模型如图 5-9 所示，此图片在页面中的实际大小为：
宽度 = (150 + 10 × 2 + 2 × 2 + 20 × 2)px = 214px

高度 = $(120 + 10 \times 2 + 2 \times 2 + 20 \times 2)$px = 184px

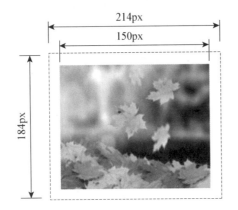 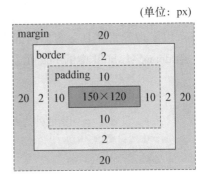

图5-9　图片及其盒模型

需要说明的是，早期的 IE 浏览器对 width 和 height 有不同的解读，width 和 height 包含了 border 和 padding 的值，在这种 IE 盒模型下，demo5-2.html 中图片的 width 虽然设置为 150px，在不溢出的情况下图片内容的实际宽度除去 border 和 padding 的值只剩下 126px（150px − 2 × 2px − 2 × 10px）。

浏览器的差异解读给网页布局造成了不小的困扰，为了解决这个问题，W3C 规范引入了一个非常重要的属性——box – sizing。

2. box – sizing 属性

CSS3 中的 box – sizing 属性可以改变盒模型对元素宽度和高度的计算方式，决定它们是否包含内边距和边框。它的可用属性如下：

- content – box：默认值，元素的宽度 width 和高度 height 不包括内边距和边框。
- border – box：内边距和边框被包含在定义的 width 和 height 之内，从已设定的宽度值和高度值中减去边框和内边距才能得到内容的宽度和高度。
- inherit：从父元素继承 box – sizing 属性的值。

在 demo5-2.html 的案例中加入 box – sizing 属性，代码如下：

```
< style type = "text/css" >
    img{
        box-sizing:border-box;              /*改变盒模型的计算方式*/
        width:150px;
        height:120px;
        border:2px dotted orangered;
        padding:10px;
        margin:20px;
    }
</style>
```

该图片在浏览器中的显示效果和其盒模型如图 5-10 所示。

在实际工作中为了方便计算盒子的占位，经常统一将所有元素的 box-sizing 属性值设置为 border-box，可以在初始化的时候完成，这里推荐采用以下定义方式：

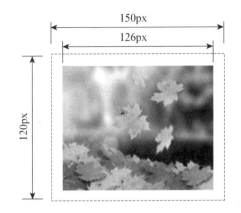
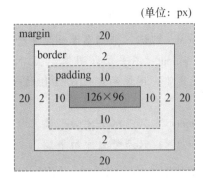

图5-10　改变 **box-sizing** 属性的图片和盒模型

```
html {                          /*对网页的 box-sizing 属性初始化*/
    box-sizing:border-box;
}
*,*:before,*:after {
    box-sizing:inherit;         /*规定从父元素继承 box-sizing 属性的值*/
}
```

5.4　盒子的 background 属性

可以为盒子设置背景色或背景图像，丰富网页元素的显示效果。CSS 背景属性主要包括：background-color、background-image（background-repeat、background-attachment、background-position）。

5.4.1　背景色（background-color）

使用 background-color 属性设置盒子的背景色，该属性接受所有 CSS 合法的颜色值。例如：

```
background-color:red;
background-color:#ADD8E6;
background-color:rgba(255,255,0,0.5);
```

背景色的填充区域默认是边框及以内的范围，其中也包括边框自身所在区域，如图 5-11 所示，通过虚线边框的间隔可以看到边框所在区域也被背景色填充了。

图5-11　背景色的填充区域

5.4.2　背景图像（background-image）

CSS 可以通过 background-image 属性将图像作为元素的背景来设置，并通过 url 来定义图像的信息。例如：

```
background-image:url(img/5-5.jpg);
```

当背景图像小于元素大小时，默认情况下背景图像会通过不断重复铺满整个元素的背景区域，还可以利用另外几个与背景图像相关的属性实现更灵活地控制元素的背景。

1. background-repeat

该属性称为背景重复，用来设置背景图像是否平铺以及平铺的方式，有四个属性值选项。

- repeat：默认，平铺直至铺满整个背景区域。
- no-repeat：不平铺，图像只显示一次，默认显示在元素区域内的左上角。只有在no-repeat设定下，图像的定位属性background-position和背景滚动属性background-attachment才有用。
- repeat-x：只沿水平方向平铺。
- repeat-y：只沿竖直方向平铺。

不同背景图像的平铺样式，如图5-12所示。

图5-12　背景图像平铺样式

简单的渐变色图片经常用来作为背景的素材，通常情况下，适应颜色变化选择一个方向（水平方向或竖直方向）平铺效果会比较好。对于一些装饰性的图片通常会选择不平铺的方式。

2. background-position

当背景图像的重复属性设定为no-repeat时，背景图像默认在元素的左上角出现一次，使用background-position属性指定背景图像的左上角顶点在元素内的坐标，可以改变背景图像的位置。

background-position的属性值可以采用长度单位、百分比，也可以使用一些方位关键词如top、center等。

1）长度单位。以元素的左上角顶点作为坐标原点，用长度单位描述背景图像的x轴距离和y轴距离。例如：div｛background-position：160px 80px；｝表示从该div的原点出发向右、向下定位背景图像左上角坐标，如图5-13所示。

背景图像的坐标值还可以取负数，图像会向左、向上溢出，溢出的部分不可见。利用这个特性可以在不切图的情况下，直接使用部分图像作为元素背景。

2）百分比单位。使用百分比设置背景图像坐标时，要注意x轴和y轴的长度计算方法。x =（元素宽度 − 图像宽度）× 百分比值，y =（元素高度 − 图像高度）× 百分比值。例如：background-position：25% 25%；以x轴为例计算，假设当前的div元素宽度为200px，背景图像宽度为100px，则x =（200 − 100）×25% px =25px。

3）方位关键词。表示方位的关键词有：top、bottom、left、right、center，采用这种方式定位背景图像与坐标无关，直接表示背景图像显示在元素的对应区域。例如：background-position：right bottom；表示背景图像将位于div元素区域内的右下角。

图 5-13　用长度单位设置背景图像位置

背景图像的坐标如果仅指定了一个属性值，另一个值默认为 50% 或 center。

3. background-attachment

有时候文档比较长，通过滚动条使文档页面在窗口的显示区上下滚动，背景图像也随着页面上下滚动，background-attachment 属性可以改变背景图像这种默认的滚动模式。可用属性如下：

- scroll：默认值，背景图像随着页面的滚动而滚动。
- fixed：背景图片固定于窗口位置，不会随着页面的滚动而滚动。
- local：背景图片会随着元素内容的滚动而滚动。
- inherit：指定属性的设置从父元素继承。

 注意：一旦定义了 fixed，background-position 就以 body 的左上角为坐标原点，背景图像的位置可能会发生变化，同时要注意背景图像的可见区域始终在定义它的元素内，如果背景图像的位置坐标超出元素的显示范围，背景图片将不可见。

以上这些元素的背景属性可以采用一个复合属性 background 来统一完成，属性值顺序为：background-color、background-image、background-repeat、background-attachment、background-position。

属性值之间用空格隔开，不需要的样式可以省略，例如：

```
background:#808080 url(img/5-5.jpg)no-repeat right bottom;
```

在 CSS3 中，新增了几个背景属性和对背景的控制功能，可以实现对背景图像更强大的控制：

- background-size：设置背景图像的尺寸。
- background-origin：设置背景图像的定位区域。
- background-clip：设置背景图像的绘制区域。
- 设置多重背景。

例如 demo5-3.html，HTML 结构中没有一张图片，但在样式中，分别给 body、h3 和 con 中添加了背景图片，设置了背景图片的位置、重复方式等，又分别对标题、段落设置了盒模型和文本样式，整个页面就变得整齐、美观、丰富了。

demo5-3. html：

```
<! DOCTYPE html >
<html >
    <head >
        <meta charset = "utf -8 " >
        <title >背景属性的应用 </title >
        <style >
            /* 清除默认样式 */
            h1,h3,p{
                margin:0;
                padding:0;
            }
            /* 样式的定义顺序从上到下,从外到内 */
            html{
                box -sizing:border -box;
                font -family:"宋体";
                font -size:62.5% ;
            }
            *{
                box -sizing:inherit;
            }
            body{
                font -size:1.6rem;
                background:url(img/5 -2.jpg)repeat -x left bottom;
            }
            .con{
                width:800px;
                margin:0 auto;
                background:url(img/5 -3.gif)no -repeat 10% bottom;
            }
            h1,h3{
                text -align:center;
                font -family:"微软雅黑";
                color:olive;
            }
            .con h1{
                font -size:2.4rem;
                padding:15px 0;
            }
            h3{
                font -size:1.8rem;
                padding:10px;
                background:url(img/5 -4.gif)no -repeat right bottom;
            }
            .con p{
                line -height:1.8;
                margin:10px;
```

```
                text-indent:2em;
            }
      </style>
</head>
<body>
    <div class="con">
        <h1> <span>春</span> </h1>
        <h3>朱自清 </h3>
        <p>盼望着,盼望着,东风来了,春天的脚步近了。</p>
        <p>一切都像刚睡醒的样子,欣欣然张开了眼。山朗润起来了,水涨起来了,太阳的脸
            红起来了。</p>
        ......
    </div>
</body>
</html>
```

效果如图 5-14 所示。

图 5-14　背景图的设置

5.5　盒子的其他属性

将所有的 HTML 元素描述成盒子,不仅是为了方便对元素进行格式化,同时也是为了更好地管理多个元素的位置关系,为页面布局打下基础。

5.5.1　元素的位置关系

1. 水平排列

在标准流默认的排列规则下,只有行元素和行块元素可以水平并排,水平排列的两个元

素之间的距离由它们的外边距之和产生，例如：

```
.hello{margin-right:30px;}
.world{margin-left:20px;}
```

两个元素水平之间的距离如图 5-15 所示。

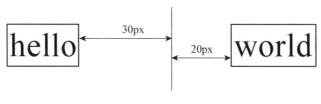

图 5-15　水平距离

2. 垂直排列

任何类型的元素都可以形成上下排列关系，但行元素的 margin-top 和 margin-bottom 是无效的，只有块元素和行块元素可以设置垂直方向的 margin，所以计算垂直距离时要根据上下两个元素的类型来选择计算方法。

1）两个块元素。采用外边距合并的计算方法，如图 5-16 所示，最终上下两个元素的间距为 50px，取两个外边距中较大值。

2）一个或两个都是行块元素。采用外边距求和的计算方法，如图 5-17 所示。两个元素垂直间的距离为 80px。

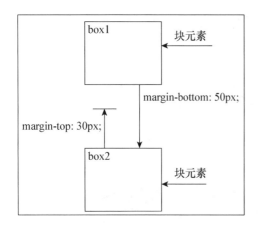

图 5-16　块元素与块元素

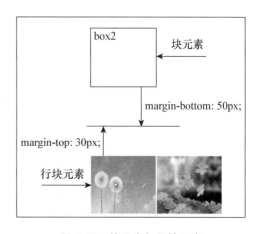

图 5-17　块元素与行块元素

参考案例 demo5-4.html，观察不同元素与元素之间的水平距离和垂直距离，理解不同类型元素之间的位置关系。

demo5-4.html：

```
<!DOCTYPE html>
<html>
    <head>
        <meta charset = "utf-8">
        <title>元素的位置关系</title>
        <style>
```

```
        span{
            font - size:28px;
            font - weight:bold;
            border:1px solid blue;
        }
        span:first - child{
            margin - right:30px;
        }
        span:nth - child(2){
            margin - left:20px;
        }
        div{
            width:200px;
            height:200px;
            border:1px solid #ccc;
        }
        .one{
            margin - bottom:50px;
        }
        .two{
            margin - top:30px;
            margin - bottom:50px;
        }
        img{
            width:200px;
            height:200px;
            margin - top:30px;
        }
    </style>
</head>
<body>
    <span>hello</span>
    <span>world</span>
    <div class ='one'>box1</div>
    <div class ='two'>box2</div>
    <img src = "img/5 -5.jpg" alt = "">
    <img src = "img/5 -1.jpg" alt = "">
</body>
</html>
```

3. 元素嵌套

文档的上下文关系可用嵌套来描述，当元素发生嵌套时，它们之间的相互关系如图 5-18 所示，box2 嵌套在 box1 内。

从图 5-18 中可以看出两个盒子边框之间的距离包括 box1 的内边距和 box2 的外边距。需要考虑的是如果 box1 没有能够完全容纳 box2 的空间，box2 会发生溢出，这时两者之间的位置关系如图 5-19 所示。

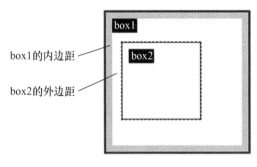

图 5-18　盒子嵌套

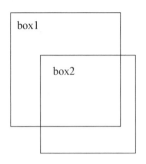

图 5-19　盒子嵌套溢出

发生溢出时，溢出部分的内容可以利用 overflow 属性来解决。

5.5.2　overflow 属性

overflow 属性用来处理溢出父元素区域的元素内容，借助这个属性可以帮助我们更好地管理嵌套关系的盒子。overflow 属性指定发生溢出时，超出的内容是剪裁还是添加滚动，可设置的属性值如下：

- visible：默认，溢出没有被剪裁，内容在元素框外渲染。
- hidden：溢出被剪裁，超出的内容将不可见。
- scroll：溢出被卷起，同时添加滚动条以查看超出的内容。
- auto：与 scroll 类似，但仅在溢出发生时才添加滚动条。

例如案例 demo5-5. html，效果如图 5-20 所示，读者可以自行修改 overflow 的属性值，观察元素的变化。

demo5-5. html：

图 5-20　overflow
属性的应用

```html
<! DOCTYPE html >
<html >
    <head >
        <meta charset = "utf -8 " >
        <title >overflow 属性 </title >
        <style >
            .father{
                width:150px;
                height:100px;
                border:2px solid blue;
                overflow:auto;
            }
        </style >
    </head >
    <body >
    <div class ='father' >overflow 属性用来处理溢出父元素区域的元素内容,借助这个属
            性可以帮助我们更好地管理嵌套关系的盒子。overflow 属性指定发生溢出时,超出的
            内容如何处理。 </div >
    </body >
</html >
```

overflow 属性仅适用于具有指定高度的块元素。

5.5.3 display 属性

盒子的 display 属性是用于控制布局的非常重要的 CSS 属性, 通过它可以改变元素原有的显示方式。它的主要属性值如下:

- none: 隐藏元素, 使页面中好像该元素不存在。
- block: 显示为块元素。
- inline: 显示为行元素。
- inline-block: 显示为行块元素。

一个元素的显示方式如果被改变, 外边距 margin 的有效性也会随之改变, 如行元素显示为块元素后, 可以为其定义 margin-top 和 margin-bottom, 但并不会更改元素的类型, 依然不应该在行元素内定义其他块元素。

例如 demo5-6. html, li 默认是块元素, 在样式中把它转化为 inline-block 元素, 实现 li 元素的水平排列; a 是行元素, 把它设置为块元素, 从而可以通过 text-align 属性设置居中对齐, 得到如图 5-21 所示的效果。

图 5-21 display 属性应用

demo5-6. html:

```
<! DOCTYPE html >
<html >
    <head >
        <meta charset = "utf -8 ">
        <title >display 属性 </title >
        <style >
            li {
                display:inline -block;
            }
            a{
                display:block;
                text -align:center;
                text -decoration:none;
            }
        </style >
    </head >
    <body >
        <ul >
            <li >
                <img src = "img/5 -6. jpg" alt = "">
                <a href = "#" >枫叶 </a >
            </li >
            <li >
                <img src = "img/5 -7. jpg" alt = "">
                <a href = "#" >杏叶 </a >
            </li >
        </ul >
```

```
</body>
</html>
```

display 还可以设置为其他的属性值，在后面的响应式设计中再继续学习。

本章小结

本章介绍了 CSS 盒模型的概念和组成要素，理解网页元素在页面中的实际尺寸是由 content + padding + border + margin 构成的，掌握盒子的 box-sizing、background 等属性的设置方法，理解盒子之间的位置关系，为网页布局打下了基础。

【动手实践】

1. 利用所学的 CSS 盒模型、表单控件等相关知识，完成如图 5-22 所示的 QQ 邮箱登录界面。

表单的美化和盒子的设置1

图 5-22 【动手实践】题 1 图

2. 利用所学盒模型及 display 属性等知识实现如图 5-23 所示的模块和排列效果。

表单的美化和盒子的设置2

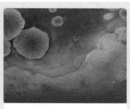

图 5-23 【动手实践】题 2 图

图5-23　【动手实践】题 2 图（续）

【思考题】

1. 一个元素在网页中的实际占位尺寸要考虑哪些因素？在实际操作中一般如何处理？
2. 如何解决因为元素类型不同造成布局上的困扰？

第6章

浮动与定位

在标准文档流的默认规则下，HTML 元素会表现出不同的排列方式：块元素独占一行，行元素、行块元素可并列。在实际开发过程中，这种默认规则可能会限制布局的实现，于是 CSS 引入了浮动和定位这两个重要的属性，帮助元素摆脱默认的排列规则。

学习目标

1. 理解浮动的原理
2. 掌握设置浮动属性的方法
3. 掌握清除浮动影响的方法
4. 理解定位的概念
5. 掌握定位的分类和设置方法

6.1 浮动

6.1.1 浮动的原理

标准文档流指的是元素排版布局过程中，浏览器会按元素的默认的显示方式自动从左往右，从上往下的流式排列。这种布局结构稳定，但浪费空间。

利用浮动属性可以使元素脱离标准流，并可定义元素向左或向右浮动，直至元素的外边缘遇到父元素或另一个浮动元素为止。

基本语法：

```
selector｛float:left｜right｜none｜inherit｝
```

demo6-1. html：

```html
<! DOCTYPE html >
<html >
    < head >
        < meta charset = "utf -8" >
        < title >浮动 </title >
        < style type = "text/css" >
            .father｛
                width:250px;
                padding:10px;
                border:1px solid gray;
                font -weight:bold;
            ｝
            .box1｛
```

```
                background-color:peru;
                height:80px;
            }
            .box2{
                background-color:darkkhaki;
                height:120px;
            }
            .box3{
                background-color:cadetblue;
                height:100px;
            }
        </style>
    </head>
    <body>
        <div class="father">
        <div class="box1">box1</div>
        <div class="box2">box2</div>
        <div class="box3">box3</div>
        </div>
    </body>
</html>
```

默认情况下，父元素和三个子元素的位置关系如图 6-1 所示。

对 box1 设置向左浮动，代码如下，结果如图 6-2a 所示。

```
.box1{ float:left;}
```

对 box1 设置向右浮动，代码如下，结果如图 6-2b 所示。

```
.box1{ float:right;}
```

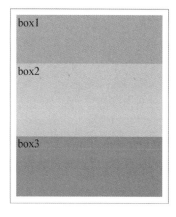

图 6-1　元素的标准流排列

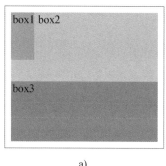

a)

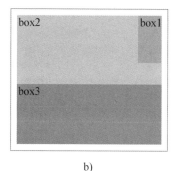
b)

图 6-2　box1 向左及向右浮动

a）box1 向左浮动　b）box1 向右浮动

从图中元素的变化可以看出，对 box1 元素设置浮动之后，文档中的元素有以下变化。

● box1 因为没有设置宽度，浮动后自动收缩至元素内容的实际宽度。

- box1 无论向左还是向右浮动遇到父元素即停止。
- box1 脱离了标准流，不再占用原文档流中的位置，因此 box2 和 box3 向上移动占领了原来 box1 的位置。
- 浮动元素 box1 覆盖了标准流元素 box2 的部分区域，box2 内的文本会自动在剩余区域内进行调整。
- 父元素本身没有设置高度，是由内部标准流元素的高度支撑，box1 脱离标准流后，父元素的高度也随之改变。

　　浮动最初的本意是将插入到文章中的图片向左或者向右浮动，使图片下方的文字自动环绕在它的周围，浮动之后的图片左边或者右边不会出现一大块的留白。案例 demo6-2.html，利用图片的浮动实现图像和文字的混排。

　　demo6-2.html：

```
<!DOCTYPE html>
<html>
    <head>
        <meta charset="utf-8">
        <title>浮动的应用——图文混排</title>
        <style type="text/css">
            h1,h3{
                text-align:center;
            }
            img{
                width:120px;
                height:120px;
                margin:5px;
            }
            p{
                text-indent:2em;
                line-height:150%;
            }
        </style>
    </head>
    <body>
        <h1>济南的冬天</h1>
        <h3>老舍</h3>
        <img src="img/6-1.jpg" class="img1"/>
        <p>对于一个在北平住惯的人,像我,冬天要是不刮风,便觉得是奇迹;济南的冬天是没
            有风声的。…… 可是,在北中国的冬天,而能有温晴的天气,济南真得算个宝
            地。</p>
        <img src="img/6-2.jpg" class="img2"/>
        <p>设若单单是有阳光,那也算不了出奇。…… 因为有这样慈善的冬天,干啥还希望别
            的呢!     </p>
        <p>最妙的是下点小雪呀。看吧,山上的矮松越发的青黑,……</p>
    </body>
</html>
```

　　这时并未对图片设置浮动，所有元素按标准流默认规则排列，效果如图 6-3 所示。

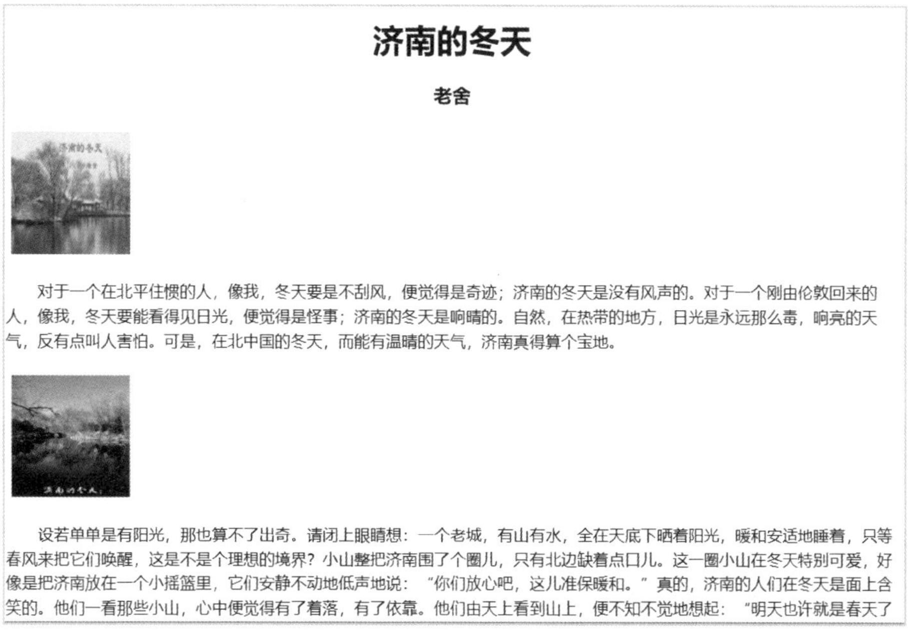

济南的冬天

老舍

　　对于一个在北平住惯的人，像我，冬天要是不刮风，便觉得是奇迹；济南的冬天是没有风声的。对于一个刚由伦敦回来的人，像我，冬天要能看得见日光，便觉得是怪事；济南的冬天是响晴的。自然，在热带的地方，日光是永远那么毒，响亮的天气，反有点叫人害怕。可是，在北中国的冬天，而能有温晴的天气，济南真得算个宝地。

　　设若单单是有阳光，那也算不了出奇。请闭上眼睛想：一个老城，有山有水，全在天底下晒着阳光，暖和安适地睡着，只等春风来把它们唤醒，这是不是个理想的境界？小山整把济南围了个圈儿，只有北边缺着点口儿。这一圈小山在冬天特别可爱，好像是把济南放在一个小摇篮里，它们安静不动地低声地说：“你们放心吧，这儿准保暖和。”真的，济南的人们在冬天是面上含笑的。他们一看那些小山，心中便觉得有了着落，有了依靠。他们由天上看到山上，便不知不觉地想起：“明天也许就是春天了

图 6-3　文档默认排列效果

对图片设置浮动后，图片后面的段落向上占领图片原本的位置，段落中的文本对图片形成了环绕效果。添加的代码如下：

```
.img1{
    float:left;
}
.img2{
    float:right;
}
```

效果如图 6-4 所示。

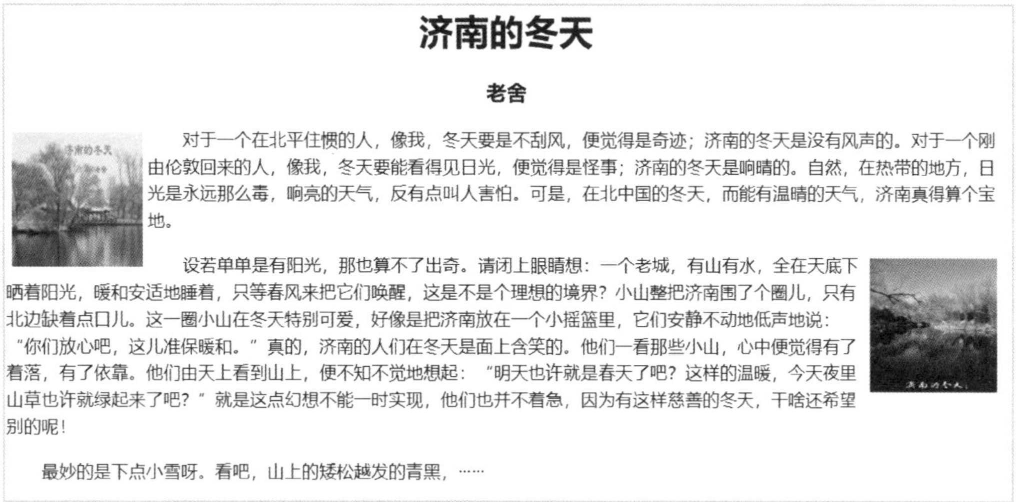

济南的冬天

老舍

　　对于一个在北平住惯的人，像我，冬天要是不刮风，便觉得是奇迹；济南的冬天是没有风声的。对于一个刚由伦敦回来的人，像我，冬天要能看得见日光，便觉得是怪事；济南的冬天是响晴的。自然，在热带的地方，日光是永远那么毒，响亮的天气，反有点叫人害怕。可是，在北中国的冬天，而能有温晴的天气，济南真得算个宝地。

　　设若单单是有阳光，那也算不了出奇。请闭上眼睛想：一个老城，有山有水，全在天底下晒着阳光，暖和安适地睡着，只等春风来把它们唤醒，这是不是个理想的境界？小山整把济南围了个圈儿，只有北边缺着点口儿。这一圈小山在冬天特别可爱，好像是把济南放在一个小摇篮里，它们安静不动地低声地说：“你们放心吧，这儿准保暖和。”真的，济南的人们在冬天是面上含笑的。他们一看那些小山，心中便觉得有了着落，有了依靠。他们由天上看到山上，便不知不觉地想起：“明天也许就是春天了吧？这样的温暖，今天夜里山草也许就绿起来了吧？”就是这点幻想不能一时实现，他们也并不着急，因为有这样慈善的冬天，干啥还希望别的呢！

　　最妙的是下点小雪呀。看吧，山上的矮松越发的青黑，……

图 6-4　图文混排效果

根据对浮动效果的总结，继续补充几点浮动的特性：

- 浮动元素不再区分行、块等元素类型，所有浮动元素都可以设置宽、高。
- 后浮动的元素不会超越前面浮动元素的顶端。
- 浮动会影响该元素后面的内容，不会影响该元素前面的内容。

6.1.2 清除浮动

设计一个上下结构的页面，上半部分利用元素的浮动形成左右排列的模式，如图 6-5 所示，是预期的效果，但因为下面的元素 footer 受浮动元素脱离标准流的影响向上移动，实际得到页面效果如图 6-6 所示。

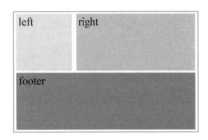

图 6-5 预期的效果图

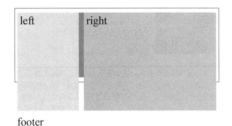

图 6-6 受浮动影响的实际效果图

demo6-3. html：

```html
<! DOCTYPE html >
<html >
    <head >
        <meta charset = "utf-8" >
        <title > float </title >
        <style >
            .con {
                width:400px;
                margin:0 auto;
                border:1px solid gray;
                font-weight:bold;
            }
            .left,.right,.footer{
                height:150px;
                margin:5px;
            }
            .left {
                width:30% ;
                float:left;
                background-color:lightblue;
            }
            .right {
                width:65% ;
                float:right;
                background-color:orange;
```

```
            }
            .footer {
                background-color:red;
                height:100px;
            }
        </style>
    </head>
    <body>
        <div class='con'>
            <div class='left'>left</div>
            <div class='right'>right</div>
            <div class='footer'>footer</div>
        </div>
    </body>
</html>
```

根据浮动的特性，浮动元素会影响该元素后面的元素，也有可能对父元素的高度造成影响，因此在进行页面设计时，有些时候需要对被影响的元素清除浮动造成的影响。

清除浮动的常用方法有 5 种，下面将逐一进行介绍。

1. 使用 clear 属性

clear 是 CSS 专门为清除浮动影响提供的属性，这种影响发生在兄弟元素之间。

基本语法：

```
clear:left|right|both;
```

left 表示清除该元素左侧的浮动元素，right 是清除该元素右侧的浮动元素，both 是清除该元素两侧的浮动元素。清除浮动元素并不是删除浮动元素的意思，而是消除浮动造成的影响，这并不会影响浮动元素的浮动，但设置了 clear 属性的元素将显示在浮动元素的下方。例如，在前面的案例 demo6-3. html 中，修改 footer 类，添加如下代码：

```
.footer{
        /* 方法 1:为兄弟元素设置 clear 属性 */
        clear:left;              /* 清除 footer 左侧的浮动元素 */
}
```

对底部元素 footer 设置了 clear 属性之后，footer 元素在向上移动的过程中遇到向左浮动的元素底部就会停止移动，根据浮动元素的高度，可能会得到以下几种情况，如图 6-7 所示。

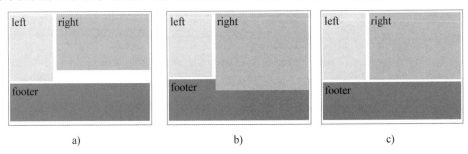

a)   b)   c)

图 6-7 对 footer 清除左侧浮动元素的影响

a）left 元素更高   b）right 元素更高   c）left 和 right 元素一样高

从图中可以看出，footer 元素始终显示在 left 元素的下方，同理如果是清除右侧浮动元素的影响，footer 元素将会显示在 right 元素的下方。通常情况下，我们会对 footer 元素直接设置（clear：both；），这样使 footer 元素显示在所有浮动元素下方。

注意：设置了 clear 属性的元素，margin-top 无效了。

2. 添加空标签

clear 使用方法简单但是只适用于清除兄弟元素浮动产生的影响。对于没有设置高度的父元素，它的高度由子元素的高度支撑，当有子元素浮动时，父元素的高度就会出现塌陷问题，如果嵌套中的所有子元素都浮动，此时父元素的高度就会塌陷为 0。

demo6-4. html：

```
<! DOCTYPE html >
<html >
    <head >
        <meta charset = "utf-8" >
        <title>清除浮动影响</title>
        <style >
            .con{
                width:500px;
                margin:0 auto;
                padding:5px;
                border:2px solid royalblue;
            }
            .left{
                width:30% ;
                height:200px;
                float:left;
                background-color:lightblue;
            }
            .right{
                width:68% ;
                height:300px;
                float:right;
                background-color:orange;
            }
        </style>
    </head>
    <body >
        <div class = "con" >
            <div class ='left' > </div>
            <div class ='right' > </div>
        </div>
    </body>
</html>
```

为 left 和 right 元素设置浮动前后的效果如图 6-8 所示。

这时可以为父元素添加一个空标签解决这个问题，在父元素内部所有元素之后添加一个空标签 <div> </div>，并且为该标签设置 clear 属性，演示效果如图 6-9 所示（空标签因为设置了大小为0，所以实际并不会有任何显示，也不会占据空间）。

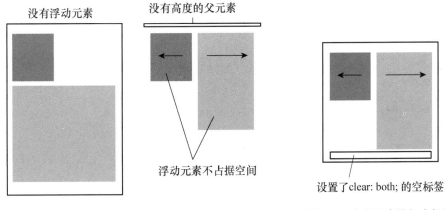

图 6-8　所有子元素浮动前后效果图　　　　图 6-9　为父元素添加空标签

代码如下：

```
<div class="con">
    <div class='left'></div>
    <div class='right'></div>
    <!--方法2:为父元素添加空标签-->
    <div style="clear:both;width:0;height:0;"></div>
</div>
```

添加空标签的方法有一个缺点就是改变了原有 HTML 文档的结构，不利于优化，因此并不提倡使用。

3. 利用 overflow 属性

可以利用 overflow 属性来清除浮动对父元素的影响。对于案例 demo6-4. html，修改父元素的 con 类，为其添加如下代码：

```
.con{    overflow:hidden;    }
```

因为 overflow 属性会自动检测浮动区域的高度，因此只要将父元素的 overflow 属性值设置为 hidden，就算所有子元素都浮动了，overflow 依然会为父元素保留浮动区域的高度，从而达到清除浮动影响的目的。

4. 利用 ::after 伪元素

利用 ::after 伪元素和增加空标签的原理类似，但不会破坏 HTML 原文档的结构，在使用 ::after 伪元素创建的子元素中清除浮动，创造的子元素并不会显示在 html 树中，代码如下：

```
.con::after{
    clear:both;
    content:'';
    display:block;
    width:0;
    height:0;
    visibility:hidden;
}
```

需要注意的是创建的子元素显示方式 display 必须设置为 block，content 设置空，width、height 属性值设置为 0。

这种方法原理简单，浏览器支持性好，也不容易出现其他问题。

5. 使用 clearfix 方法

clearfix 是一种解决父元素高度塌陷问题的方法，是对第 4 种方法的改进。首先为父元素添加一个 clearfix 类：< div class = "con clearfix" > ，然后给这个类添加伪元素。代码如下：

```
.clearfix::before,.clearfix::after{
                content:'';
                display: table;
}
.clearfix::after{
                clear:both;
}
.clearfix{
                *zoom:1;     /* 该语句用于支持旧版本的浏览器,不需要可删除 */
}
```

这是当前常被推荐的方法，许多大型网站都是采用这种方法。一方面 clearfix 类可以设置成公共类，减少 CSS 代码，另一方面 display：table；在解决 margin 击穿问题时比 display：block；具有更良好的表现。

6.2　定位

6.2.1　定位的概念

除了浮动之外，定位是另一种可以使元素脱离标准流的方法，是允许对网页元素通过位移定位到一个新的位置，实现更灵活、更复杂的页面布局方法。

定位通过元素的 position 属性实现，不同取值实现不同方式的定位。

- static：默认值，静态定位。
- relative：相对定位，相对于其原标准流中的位置进行定位。
- absolute：绝对定位，相对于最近一个已经定位的父元素进行定位。
- fixed：固定定位，相对于浏览器窗口进行定位。
- sticky：粘贴定位，CSS3 新增的定位属性，基于用户的滚动位置来定位。

6.2.2　静态定位

元素默认的定位属性值，是元素按照标准流规则在文档中默认的位置。静态定位的元素不受 top、bottom、left 和 right 属性的影响。

6.2.3　相对定位

使用相对定位的网页元素，会相对于它在标准流中的初始位置，通过偏移指定的距离，到达新的位置。例如：

```
.box{
    position:relative;
```

```
left:80px;              /*以 left 边框为基线,向右偏移80px*/
bottom:100px;           /*以 bottom 边框为基线,向上偏移100px*/
}
```

通过定位,元素 box 到达新的位置如图 6-10a 所示。偏移值也可以是负数,例如修改:
bottom: -100px; 则是以 bottom 边框为基线向下偏移 100px, 如图 6-10b 所示。

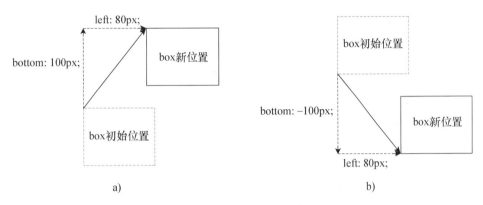

图 6-10　相对定位偏移量的修改
a)相对定位偏移量为正数　b)相对定位偏移量为负数

使用相对定位的元素仍在标准流中,它在标准流中的初始位置会被空缺出来,而在新位置上有可能与其他元素发生叠加,其他元素不会受相对定位元素的影响,参考案例 demo6-5.html,元素的 HTML 结构代码如下:

```
<div class = "father">
    <div class = 'box1'>box1</div>
    <div class = 'box2'>box2</div>
    <div class = 'box3'>box3</div>
</div>
```

对元素 box2 设置相对定位,使之发生偏移代码如下:

```
.father .box2 {
            position:relative;
            left:100px;
            bottom:120px;
            background-color:coral;
        }
```

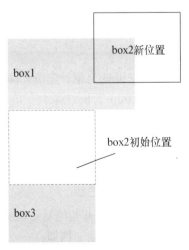

结果如图 6-11 所示,从图中可以看出,虽然 box2 通过相对定位到达新位置,并与 box1 的部分区域层叠,但元素 box3 并未受到任何影响依然在自己的初始位置上。

6.2.4　绝对定位

绝对定位的偏移量是以最近一个具有定位属性的父元素作为基准,如所有父元素均无定位属性,则以文档主体 body 为基准。绝对定位元素脱离了标准文档流,后面的元素会向上移动占领绝对定位元素原本的位置。

图 6-11　相对定位在标准流

demo6-6. html：

```
<!DOCTYPE html>
<html>
    <head>
        <meta charset="utf-8">
        <title>绝对定位</title>
        <style>
            .father {
                border:1px solid #ccc;
                width:400px;
                margin:0 auto;
                /* 父元素设置相对定位 */
                position:relative;
            }
            .father div {
                width:100px;
                height:100px;
                background-color:lightblue;
                border:2px dashed lightcoral;
            }
            .father .box2 {
                /* 子元素设置绝对定位,以父元素为参照物发生偏移 */
                position:absolute;
                left:200px;      /*相对父元素的左侧边框向右偏移200px*/
                top:100px;
                background-color:pink;      }
        </style>
    </head>
    <body>
        <div class="father">
            <div class='box1'>box1</div>
            <div class='box2'>box2</div>
            <div class='box3'>box3</div>
        </div>
    </body>
</html>
```

父元素设置为相对定位，box2 设置为绝对定位，box2 相对父元素向右偏移了200px，向下偏移了100px，box3 取代了box2 在文档中的位置，效果如图 6-12b 所示。如果父元素没有设置定位属性，则 box2 以文档主体 body 为参照物发生偏移，效果如图 6-12c 所示。

在实际使用中通常使用"父相子绝"的原则，即父元素设置为相对定位，但不设置偏移量，使其保留在标准流中，子元素设置为绝对定位。

6.2.5 固定定位

固定定位 fixed 与绝对定位类似，但它始终以浏览器窗口作为定位的基准线，并且不会随着滚动条进行滚动。例如：

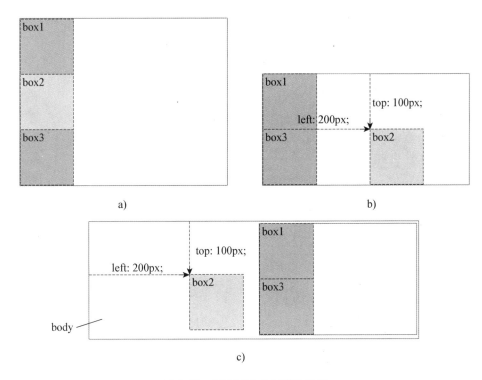

图 6-12　绝对定位父元素的设置

a）绝对定位前　b）绝对定位后　c）以窗口为参照物偏移

```
.box {
    /* 子元素设置固定定位,以浏览器为参照物发生偏移 */
    position:fixed;
    left:50px;
    top:300px;
}
```

固定定位最常见的一种用途是在页面中创建一个固定区域,如返回顶部的按钮及网页里的小广告等。如图 6-13 所示,新浪网首页两侧的广告和返回图标就是固定定位的应用。

6.2.6　粘贴定位

粘贴定位 sticky 的元素依赖用户的滚动位置进行定位,在相对定位和固定定位之间切换,起先它表现为相对定位,当页面滚动超出指定阈值时,它的表现就像固定定位。只有指定 top、right、bottom 或 left 四个阈值其中之一,才可使粘贴定位生效。否则其行为与相对定位相同。

demo6-7. html:

```
<! DOCTYPE html >
<html >
    < head >
        < meta charset = "utf -8" >
        < title >粘贴定位 </ title >
        < style type = "text/css" >
            .header h1 {
```

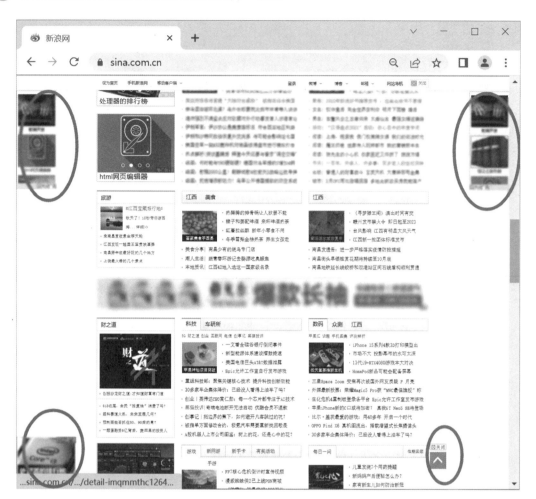

图 6-13　固定定位的应用

```
        padding:20px;
    }
    .top {
        height:200px;
        background: url(img/6 -3 .jpg)no - repeat left top;
        background - size: cover;
    }
    / * 为 top 设置粘贴定位 * /
    .top{
        position: sticky;
        top:5px;          / * 设置阈值 * /
    }
    / * 主体内容 con 部分 , 为使页面产生垂直滚动条设置一个高度 * /
    .con {
        height: 1000px;
    }
    </style>
</head>
```

```
<body>
    <div class = "header">
        <h1>万维网</h1>
    </div>
    <div class = "top"></div>
    <div class = "con">
        <p>万维网(World Wide Web)是作为欧洲核子研究组织的一个项目发展起来的,
在那里 Tim Berners-Lee 开发出万维网的雏形。</p>
        <p>Tim Berners-Lee - 万维网的发明人 - 目前是万维网联盟的主任。</p>
    </div>
</body>
</html>
```

案例中类名为 top 的盒子定义了粘贴定位阈值（top：5px；）时，top 在到达该阈值前会随页面向上移动，如图 6-14a 所示，当到达指定位置不再随页面向上移动，页面效果如图 6-14b 所示。

a)

b)

图 6-14　粘贴定位到达阈值前后的效果图

Internet Explorer、Edge 15 以及更早的版本不支持粘贴定位。Safari 需要 – webkit – 前缀。

6.2.7 z-index

在浮动和定位的实现过程中，可能会有多个元素在垂直空间上发生层叠的现象。层叠可以制作一些网页效果，但也可能引起内容显示的混乱，所以必须掌握控制层叠的方法。CSS 用 z-index 值来描述元素的层叠顺序，关于元素的层叠有以下几个特点。

- 所有元素的 z-index 值默认是 0。
- z-index 属性仅对定位元素有效。
- z-index 取整数值，不能加单位，可以是正数也可以是负数，值越大定位元素在层叠元素中越居上。
- z-index 值相同时，浮动元素和定位元素位于标准流中其他元素的上方。
- 浮动元素与定位元素层叠时，默认情况下，定位元素位于浮动元素上方，后定义的定位元素位于先定义的定位元素上方，但可以通过修改定位元素的 z-index 值改变层叠顺序。

例如：demo6-8.html，3 个 div 相对父元素的定位相同，通过设置 z-index 值，3 个 div 的呈现效果如图 6-15 所示。

demo6-8.html：

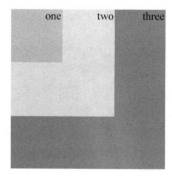

图 6-15　z – index 的应用

```html
<! DOCTYPE html >
<html >
    <head >
        <meta charset = "utf -8" >
        <title >z - index </title >
        <style >
            .wrapper {
                position:relative;
                text – align:right;
            }
            .wrapper div {
                position:absolute;
                top:10px;
                left:100px;
            }
            .one {
                width:100px;
                height:100px;
                background – color:greenyellow;
                z – index:3;
            }
            .two {
                position:absolute;
                width:200px;
                height:200px;
                background – color:yellow;
                z – index:2;
            }
```

```
        .three{
            position:absolute;
            width:300px;
            height:300px;
            background-color:lightseagreen;
            z-index:1;
        }
    </style>
</head>
<body>
    <div class="wrapper">
        <div class="one">one</div>
        <div class="two">two</div>
        <div class="three">three</div>
    </div>
</body>
</html>
```

6.3 导航条的制作

导航条是网站的重要组成部分，通过导航条可以方便用户在网站内部切换栏目，因此导航条的制作是网站的基本技术，也是浮动技术的主要应用之一。接下来我们通过前面所学的浮动、链接伪类、盒模型等知识，以 https://www.w3school.com.cn/网站的导航条为案例，详细介绍水平导航条制作。

6.3.1 列表属性

项目列表除了自身的功能，在 HTML 文档中，常用来组织导航条的栏目，因为有序的排列文字更容易被搜索引擎搜录，有助于网站优化。

以下是列表标签常用的 CSS 属性。

1）list-style-type：定义列表前面的符号，可用值见表 6-1。

表 6-1　list-style-type 取值

属性值	说明
none	取消列表的符号
disc	实心圆，默认值
circle	空心圆
square	实心矩形

2）list-style-position：定义列表符号的位置，可用值见表 6-2。

表 6-2　list-style-position 取值

属性值	说明
outside	符号位于文本区域之外，文本环绕符号对齐，默认值
inside	符号位于文本区域之内，文本不环绕符号对齐

3）list-style-image：url（）；使用图像来替换列表项的符号。

这个属性可以把想要的图像设置成列表符号，但不能随意设置列表符号的位置。因此我们经常是用设置列表项目背景图的方式来取代这个属性，因为背景图可以精确地设置位置。

4）list-style：可以把以上三个属性用一个复合属性 list-style 来取代，格式如下：

list – style：列表项目符号　列表项目符号的位置　列表项目图像；

在实践工作中，一般要清除列表默认的样式：list-style:none;

6.3.2　制作导航条

1. 搭建导航条的 HTML 结构

用无序列表组织导航条的栏目，整体放入一个 div 中，关联类名 nav，代码如下：

```html
<div class="nav">
    <ul>
        <li><a href="#">HTML/CSS</a></li>
        <li><a href="#">Browser Side</a></li>
        <li><a href="#">Server Side</a></li>
        <li><a href="#">Programming</a></li>
        <li><a href="#">XML</a></li>
        <li><a href="#">Web Building</a></li>
        <li><a href="#">Reference</a></li>
    </ul>
</div>
```

效果如图 6-16 所示。

2. 清除标记的默认样式

列表元素有内外边距、列表符号，超链接有下划线、字体颜色等默认样式，在初始样式设置时，统一清除。代码如下：

```css
ul,li{
    margin:0;
    padding:0;
    list – style:none;
}
a{
    color:#000;
    text – decoration:none;
}
```

- HTML/CSS
- Browser Side
- Server Side
- Programming
- XML
- Web Building
- Reference

图 6-16　导航条结构

3. 设置导航条的外围 div

外围 div 的高度决定导航条的高度，宽度可以设置成百分比或者根据布局设置具体的宽度，还可以选择边框、背景、圆角等属性来进行美化。代码如下：

```css
.nav{
    width:1210px;
    height:48px;
    background – color:#E7E7E3;
}
```

4. 设置列表项 li

默认的 li 是垂直排列（垂直导航条的形态），可以通过浮动让其水平排列，需要设置包括列表元素的宽度以及元素内容的对齐方式，代码如下：

```
.nav ul li{
    float:left;
    text-align:center;
    line-height:48px;        /*与外围 div 高度一样,实现文本垂直居中对齐的效果*/
}
```

5. 进一步美化导航条

对超链接进行样式设置，使导航条具有更动态的显示效果，这里最重要的一点就是将行元素 a 的显示方式设置为 block，这样可以使鼠标对 a 元素的感应区域扩大至所在列表区，代码如下：

```
.nav li a:link,.nav li a:visited {
    display:block;
    color:#777;
    padding:0 20px;
}
.nav li a:hover {
    background:#3F3F3F;
    color:white;
}
```

因为每个栏目的文字长度不同，背景宽度就不同，所以在 a 这里设置 padding 的左右边距为 20px，背景就随文字的长度自动计算宽度。

当鼠标经过导航条的栏目时，效果如图 6-17 所示：

图 6-17 水平导航条 hover 效果图

以下为完整的案例代码。
demo6-9. html：

```
<!DOCTYPE html>
<html>
    <head>
        <meta charset="utf-8">
        <title>导航条的制作</title>
        <style type="text/css">
        /*2.清除标记的默认样式*/
            ul,li{
                margin:0;
                padding:0;
                list-style:none;
            }
```

```
        a{
                color: #000;
                text-decoration: none;
        }
/*3.设置导航条的外围 div,这里指类名为 nav 的 div*/
        .nav{
                width: 1210px;
                height: 48px;
                background: #E7E7E3;
                margin: 5px auto;
        }
/*4.设置列表项 li */
        .nav ul li{
                float: left;
                text-align: center;
                line-height: 48px;
        }
/*5.进一步美化导航条 */
        .nav li a:link, .nav li a:visited{
                display: block;
                color: #777;
                padding: 0 20px;
        }
        .nav li a:hover{
                background: #3F3F3F;
                color: white;
        }
        </style>
</head>
<body>
        <!--1.搭建导航条的 HTML 结构 -->
        <div class="nav">
            <ul>
                <li><a href="#">HTML/CSS</a></li>
                <li><a href="#">Browser Side</a></li>
                <li><a href="#">Server Side</a></li>
                <li><a href="#">Programming</a></li>
                <li><a href="#">XML</a></li>
                <li><a href="#">Web Building</a></li>
                <li><a href="#">Reference</a></li>
            </ul>
        </div>
</body>
</html>
```

制作水平导航条的关键技术点:

- HTML 文档结构正确。

- 外围 div 设置 height
- 为列表元素设置浮动 float。
- 利用 line-height 设置垂直方向的居中对齐。
- 超链接 a 利用 display 转换为 block 的显示方式。

本章小结

本章首先介绍了两种可以使元素脱离标准流的方法：浮动和定位，这是实现网页布局的重要技术基础。通过本章的学习不仅要掌握设置浮动和定位的方法，还要掌握脱离标准流之后的元素的特性，同时能运用所学熟练制作各类常见的导航条。

【动手实践】

1. 仿制"菜鸟教程"的分类导航，如图 6-18 所示。

图 6-18 【动手实践】题 1 图

2. 仿制"网易云音乐"网站的次导航条，如图 6-19 所示。

| 推荐 | 排行榜 | 歌单 | 主播电台 | 歌手 | 新碟上架 |

图 6-19 【动手实践】题 2 图

3. 利用浮动和定位知识实现"网易云音乐"主导航，如图 6-20 所示。

网易云音乐的主导航

图 6-20　【动手实践】题 3 图

【思考题】

1. 清除浮动常规方法有哪些？如何比较它们的优劣？
2. 定位可以分为几类？为元素设置定位时，一般如何为它选择定位分类？

第7章

DIV+CSS布局

前面学习了使用 CSS 美化文字、图片，制作导航等，那么如何让这些元素整齐、美观地排放在网页上呢？这就是网页布局要解决的问题，本章主要讲解用 DIV + CSS 来实现页面的布局。

学习目标

1. 理解网页布局的思想
2. 了解常见的网页布局形式
3. 掌握 HTML5 中新增的页面布局标签
4. 掌握各种常见布局的实现

7.1 常见布局

7.1.1 网页布局原理

网页布局版面设计延续了传统纸媒布局的特点，传统纸媒采用"网格"的布局思想，把内容分布在一列或多列中，每一列的宽度大约为 16 个汉字。人们在阅读时，目光只聚焦于很窄的范围，这样的阅读效率很高。"网格"布局的优势在于：

1）使用基于网格的设计可以使大量的页面保持很好的一致性，这样无论是在一个页面中，还是在网站的多个页面之间，都可以具有统一的视觉风格。

2）均匀的网格以合理的比例将页面划分为一定数目的等宽列，这样能在设计中产生很好的均衡感。

3）使用网格可以帮助开发者把标题、导航、文字、图片等各种元素合理地分配到适当的区域，这样可以为内容繁多的页面创建出一种良好的秩序。

4）网格设计不但会使网页版面布局产生一致性，也可以通过跨列的方式创建出各种变化的形式，这样既保持了页面的一致性，又可以打破网格的呆板性。

网页布局一般采用 DIV + CSS 的方式来实现，设计者首先考虑的不是如何分割网页，而是从网页内容的逻辑关系出发，区分出内容的层次和重要性，然后根据逻辑关系把网页内容使用 div 或其他适当的 HTML 标签组织好，再考虑网页形式如何与内容相适应。

DIV + CSS 布局的原理是，将页面从整体上用 < div > 标签进行分块，然后将各个块用 CSS 进行定位。

大多数的网站都采用一套通用的排版模式，分为页眉、页脚和内容区域。页眉、页脚的内容在每个页面基本相同，只有中间的内容不同，这样既形成了网站整体风格的统一，又给用户的浏览带来了方便。

7.1.2 常见的布局形式

1. 单列布局

单列布局是最简单的一种形式，按标准文档流从上到下简单排列，把页面划分为三部分，分别为页眉、主体和页脚。单列布局如图 7-1 所示，单列布局网页效果如图 7-2 所示。

图 7-1　单列布局　　　　　　　　　　图 7-2　单列布局网页效果

2. 两列布局

两列布局就是对单列布局的主体部分进行拆分，分为左、右两部分，可以是左窄右宽，也可以是左宽右窄。这种布局常用在资讯量不大的网站。图 7-3 和图 7-4 所示为两列布局的两种格式。

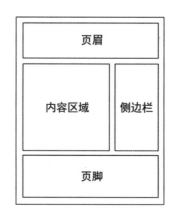

图 7-3　两列布局（1）　　　　　　　图 7-4　两列布局（2）

两列布局的网页效果如图 7-5 和图 7-6 所示。

3. 三列布局

三列布局是对两列布局的内容区域再进行拆分，可以是均分的 3 列，也可以是不等宽的 3 列。这种布局适用于资讯量大的网站，如图 7-7 和图 7-8 所示。

三列布局网页效果如图 7-9 所示。

图 7-5 左窄右宽的两列布局网页效果

图 7-6 左宽右窄的两列布局网页效果

图 7-7 三列布局（1）

图 7-8 三列布局（2）

图 7-9 三列布局网页效果

4. 混合布局

在网页布局中，复杂的页面不会单纯地使用两列或三列布局，而是使用混合布局，也就是说可以对两列、三列进行拆分，形成混合布局，这样可以让布局的形式更加灵活，使表现更加丰富。混合布局的形式多种多样，可以根据需要自由设计。图 7-10 ~ 图 7-12 所示为几种混合布局的形式。

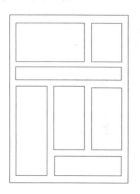

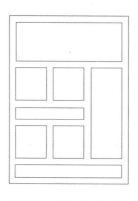

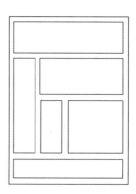

图 7-10 混合布局（1）　　图 7-11 混合布局（2）　　图 7-12 混合布局（3）

混合布局网页效果如图 7-13 所示。

图 7-13 "58 同城"首页

7.2　页面布局标签

虽然可以用div来标记网页的布局，但HTML5提供了语义化的标签定义页面结构的元素，更有利于搜索引擎的搜索。HTML5提供的标签主要包括如下几种，以下标签均为双标签、块元素。

1）header：常用于设置一个页面的头部区域。

2）footer：常用于设置一个页面的底部区域。

3）nav：常用来定义导航栏。

4）section：用来定义文档中的区块，可视为一个区域分组元素，用来给页面上的内容分块。

5）article：用于定义一个独立的内容区块，如一篇文章、一篇博客、一个帖子、论坛的一段用户评论、一篇新闻消息等。

article是一个特殊的section标签，它比section具有更明确的语义，代表一个独立的、完整的相关内容块。

6）aside：通常用来设置侧边栏，用于定义主体之外的内容，前提是这些内容与article标签内的内容相关。同时，aside也可作为article内部标签使用，作为主要内容的附属信息，比如与主内容有关的参考资料、名词解释。

7.3　各种布局的实现

本章讲述的网页布局为PC端的固定宽度的布局形式，这种形式的网页布局宽度以1024px×768px或1366px×768px的分辨率为主流分辨率进行设置，网页宽度一般设置为760px、920px、1180px、1210px，高度根据内容自适应。

7.3.1　单列布局的实现

单列布局的HTML文档结构的代码如下，用div或HTML5的布局标签把页面划分为3部分，再用样式实现它们的定位。

demo7-1.html：

```
<!DOCTYPE HTML>
<html>
<head>
<meta charset="UTF-8">
<title>单列布局</title>
</head>
<body>
<div class="con">
<header class="header">页眉</header>    <!--定义页眉-->
<nav class="nav">导航</nav>    <!--定义导航-->
<section class="section">主体</section>    <!--定义主体-->
<footer class="footer">页脚</footer>    <!--定义页脚-->
</div>
</body>
</html>
```

对应的CSS样式文件为：

```
<style>
.con{
    width:1000px;/*设置宽度*/
    margin:0auto;/*设置居中对齐*/
}
.header{
    height:100px;/*设置页眉高度*/
    background:#f00;
}
.nav{
    height:50px;
    background:#FF0;
    margin:5px auto;
}
.section{
    height:400px;
    background:#0f0;
    margin:5px auto;
}
.footer{
    height:100px;
    background:#00f;}
</style>
```

图7-14　单列布局效果图

单列布局效果如图 7-14 所示。

提示：1. 用户使用的分辨率各有不同，为了实现网页的居中对齐，减少代码的重复书写，在外围添加一个 div 标签，取类名为 con。

2. 一个页面可能有多个 header，nav 标签，因此取适当的类名，通过类分别设置样式。

7.3.2　两列布局的实现

对于两列布局的 HTML 文档结构，只是在 demo7-1. html 的基础上添加一个 aside 标签，定义侧边栏，代码如下。

demo7-2. html：

```
<body>
    <div class = "con">
    <header class = "header">页眉</header><!--定义页眉-->
    <nav class = "nav">导航</nav><!--定义导航-->
    <aside class = "leftaside">侧边栏</aside><!--定义侧左栏-->
    <section class = "main">主体</section><!--定义主体-->
    <footer class = "footer">页脚</footer><!--定义页脚-->
    </div>
</body>
```

aside、section 都为块标签，可以把它们的 float 属性设置成 left 或 right，从而实现标签的水平排列。它的 CSS 样式文件为：

```
<style>
.con{
    width:1000px;/*设置宽度*/
    margin:0 auto;/*设置居中对齐*/
}
.header{
    height:100px;/*设置页眉高度*/
    background:#f00;
}
.nav{
    height:50px;
    background:#FF0;
    margin:5px auto;
}
.leftaside{
    width:30% ;/*设置侧边栏的宽度*/
    float:left;/*设置浮动*/
    height:400px;
    background:#0AC;
}
.main{
    width:70% ;/*设置主体的宽度*/
    float:left;
    height:400px;
    background:#0f0;
    margin-bottom:5px;
}
.footer{
    clear:both;/*清除浮动的影响*/
    height:100px;
    background:#00f;
}
</style>
```

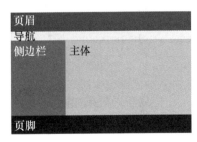

图 7-15 两列布局效果图

两列布局效果如图 7-15 所示。

提示：1. aside 和 section 的 width + border + padding + margin 的宽度不能超过 100%。

2. footer 要设置 clear 属性，清除以上元素浮动对它的影响。

3. 把 leftaside 的 float 设置为 right，则成为图 7-4 所示的形式。

7.3.3 三列布局的实现

对于三列布局 HTML 文档结构，是在两列布局的基础上再加一个侧边栏，代码如下。

demo7-3. html：

```
<body>
    <div class = "con">
```

```
    <header class = "header" >页眉</header > <! - -定义页眉- - >
    <nav class = "nav" >导航</nav > <! - -定义导航- - >
    <aside class = "leftaside" >左侧栏</aside > <! - -定义左侧边栏- - >
    <section class = "main" >主体</section > <! - -定义主体- - >
    <aside class = "rightaside" >右侧栏</aside > <! - -定义右侧边栏- - >
    <footer class = "footer" >页脚</footer > <! - -定义页脚- - >
  </div >
</body >
```

它的 CSS 样式文件为：

```
.leftaside{
    width:200px;/*设置左边侧边栏的宽度*/
    float:left;/*设置浮动*/
    height:400px;
    background:#0AC;
}
.main{
    width:600px;/*设置主体的宽度*/
    float:left;
    height:400px;
    background:#0f0;
    margin-bottom:5px;
}
.rightaside{
    width:200px;/*设置右边侧边栏的宽度*/
    float:left;/*设置浮动*/
    height:400px;
    background:#0AC;
}
```

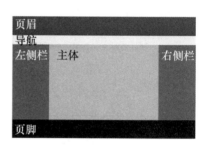

三列布局效果如图 7-16 所示。

图 7-16　三列布局效果图

7.3.4　混合布局的实现

混合布局是在两列或三列布局的基础上进行拆分，每一块用一个 div 进行包含，设置类名。要水平排列，就设置 float 属性。同样要注意宽度不能超过外围的容器，同时清除浮动的影响。混合布局有很多种形式，下面对一种情况进行讲述，其他类推。

1）先分块，设置类名，如图 7-17 所示。

该混合布局是在两列的基础上进行拆分的，先把左边拆分为三行，即 top、middle、bot。再把 top 拆分为 topright 和 topleft，把 bot 拆分为 botright 和 botleft。

2）搭建 HTML 文档结构，代码如下。

demo7-4. html：

```
<body >
<div class = "con" >
<header class = "header" > </header >
<nav class = "nav" > </nav >
```

```
<section class="main"><!--左边栏主体-->
<div class="top">
    <div class="topleft"></div>
    <div class="topright"></div><!--将
top拆分为左、右两块-->
</div>
<div class="middle"></div>
<div class="bot">
    <div class="botleft"></div>
    <div class="botright"></div><!--将
bot拆分为左、右两块-->
</div>
</section>
<aside class="aside"></aside><!--右边侧
栏-->
<footer class="footer"></footer>
</div>
</body>
```

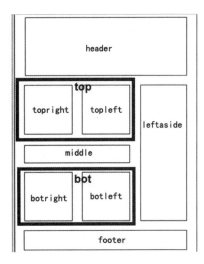

图7-17 混合布局类的定义

3）设置CSS样式，代码如下：

```
<style>
.con{
    width:1190px; /*混合布局的宽度可以宽些*/
    margin:0 auto;
    overflow:hidden;
}
.header{
    height:100px;
    background:#FC0;
}
.nav{
    height:40px;
    background:#F99;
    margin:8px auto;
}
.aside{
    width:19%; /*为了留白*/
    height:800px;
    background:#FFCC33;
    float:left;
    margin-bottom:10px;
}
.main{
    float:right;
    width:80%;
    height:800px;
```

```
      overflow:hidden;
}
.top{
      height:300px;
      }
.middle{
      height:180px;
      background:#E2D002;
      margin:10px auto;/*为了上下留白*/
      overflow:hidden;
}
.bot{
      height:300px;
      }
.topleft{
      width:49% ;/*为了左右留白*/
      float:left;
      height:99% ;
      background:#0cc;
}
.topright{
      width:49% ;
      float:right;
      height:99% ;
      background:#0cc;
}
.botleft{
      width:49% ;
      float:left;
      height:99% ;
      background:#0cc;
}
.botright{
      width:49% ;
      float:right;
      height:99% ;
      background:#0cc;
}
.footer{
      clear:both;
      height:80px;
      background:#D86C01;
}
</style>
```

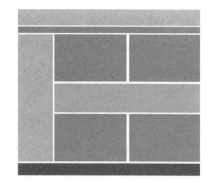

混合布局效果如图 7-18 所示。

图 7-18　混合布局效果图

提示：这里的左右 div 的宽度之和小于 100%，上下外边距的设置，是为了留下适当的空白区域。在网页设计中，合理留白很重要。一是视觉审美的需要，二是在视觉审美与引导用户之间达成完美平衡。留白可以让文字清晰，创造具有可读性的环境。

7.4　布局案例

前面介绍了布局的思想、各种布局的实现，接下来通过一个案例，分步骤讲解一个页面从搭建到布局实现的过程。具体代码见本书配套资源中的 demo7-5.html。其页面效果如图 7-19 所示。

图 7-19　布局案例效果图

该页面分为页眉、主体、页脚 3 部分。主体是两列的布局形式，页眉的图像、主体右列的图像都是通过背景图来实现的。在制作页面之前，先把文本和图片准备好。图 7-20 所示是准备好的文本资料，它存在一个文字资料.txt 文档中。

准备的图片资料如图 7-21 所示。

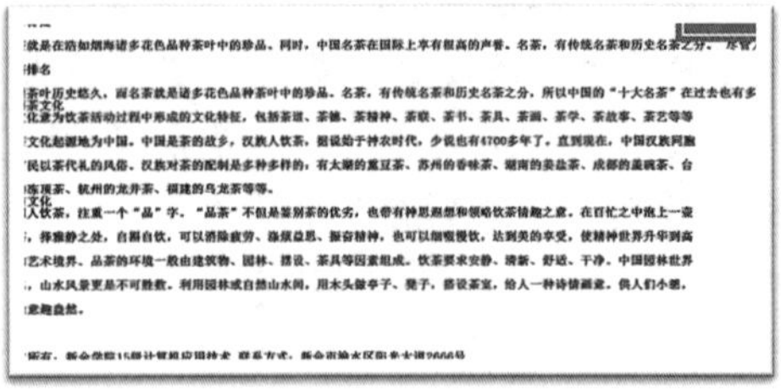

图 7-20　文本资料图 　　　　　　　　　　　　图 7-21　图片资料图

7.4.1　搭建 HTML 文档结构

用合适的 HTML 标签来标记文档内容，页眉部分用 header，导航用 nav，主体部分用 section，侧边栏用 aside，页脚部分用 footer，文章标题用 h1，列表用 ul、li，列表标题用 h2，段落用 p，所有链接设置成空链接。代码如下：

demo7-5. html：

```html
<! DOCTYPE HTML >
<html >
    <head >
        <meta charset = "UTF -7 " >
        <title >中国十种名茶</title >
    </head >
    <body >
<! --页眉部分 -- >
<header > <h1 >中国十种名茶</h1 > </header >
<! --导航部分-- >
<nav >
<ul >
<li > <a href = "#" >黄山毛峰</a > </li >
<li > <a href = "#" >六安瓜片</a > </li >
<li > <a href = "#" >西湖龙井</a > </li >
<li > <a href = "#" >祁门红茶</a > </li >
<li > <a href = "#" >洞庭碧螺春</a > </li >
<li > <a href = "#" >君山银针</a > </li >
<li > <a href = "#" >信阳毛尖</a > </li >
<li > <a href = "#" >武夷岩茶</a > </li >
<li > <a href = "#" >安溪铁观音</a > </li >
<li > <a href = "#" >太平猴魁</a > </li >
</ul >
</nav >
<! --侧边栏-- >
<aside >
<h2 > <img src = "images/tub.gif" alt = "" / >茶的种类</h2 >
<ul >
<li > <a href = "#" >绿茶</a > </li >
<li > <a href = "#" >红茶</a > </li >
<li > <a href = "#" >乌龙茶</a > </li >
```

```
<li><a href = "#">黑茶</a></li>
<li><a href = "#">白茶</a></li>
<li><a href = "#">黄茶</a></li>
</ul>
<h2><img src = "images/tub2.gif" alt = "" />泉水种类</h2>
<ul><li><a href = "#">天泉</a></li>
<li><a href = "#">雪水</a></li>
<li><a href = "#">露水</a></li>
<li><a href = "#">地泉</a></li>
</ul>
</aside>
<!--主体部分-->
<section>
<h2>名茶特点</h2>
<p>名茶就是浩如烟海的诸多花色品种茶叶中的珍品。同时,中国名茶在国际上享有很高的声誉。
```

名茶,有传统名茶和历史名茶之分。尽管人们对名茶的概念尚不十分统一,但综合各方面情况,茶必须具有以下几个方面的基本特点:其一,名茶之所以有名,关键在于有独特的风格,主要表现在茶叶的色、香、味、形四个方面。杭州的西湖龙井茶向以"色绿、香郁、味醇、形美"四绝著称于世,也有一些名茶往往以其一二个特色而闻名。</p>

```
<h2>名茶排名</h2>
<p>中国茶叶历史悠久,而名茶就是诸多花色品种茶叶中的珍品。名茶,有传统名茶和历史名茶之
```

分,所以中国的"十大名茶"在过去也有多种说法:最早的是1915年"巴拿马万国博览会"对中国名茶的评比结果:西湖龙井、碧螺春、信阳毛尖、君山银针、黄山毛峰、武夷岩茶、祁门红茶、都匀毛尖、铁观音、六安瓜片。</p>

```
<h2>中国茶文化</h2>
<p>茶文化意为饮茶活动过程中形成的文化特征,包括茶道、茶德、茶精神、茶联、茶书、茶具、茶画、茶
```

学、茶故事、茶艺等。茶文化起源地为中国。中国是茶的故乡,汉族人饮茶,据说始于神农时代,少说也有4700多年了。直到现在,中国汉族同胞还有民以茶代礼的风俗。汉族对茶的配制是多种多样的:有太湖的熏豆茶、苏州的香味茶、湖南的姜盐茶、成都的盖碗茶、台湾的冻顶茶、杭州的龙井茶、福建的乌龙茶等。</p>

```
<h2>茶与文化</h2>
<p>中国人饮茶,注重一个"品"字。"品茶"不但是鉴别茶的优劣,也带有神思遐想和领略饮茶情趣
```

之意。在百忙之中泡上一壶浓茶,择雅静之处,自斟自饮,可以消除疲劳、振奋精神,也可以细啜慢饮,达到美的享受,使精神世界升华到高尚的艺术境界。品茶的环境一般由建筑物、园林、摆设、茶具等因素组成。饮茶要求安静、清新、舒适、干净。中国园林世界闻名,山水风景更是不可胜数。在园林或自然山水间,用木头做亭子、凳子,搭设茶室,给人一种诗情画意之感,供人们小憩,不由意趣盎然。</p>

```
</section>
<!--页脚部分-->
<footer>
<p>版权所有:新余学院数学与计算机学院 联系方式:新余市渝水区阳光大道2666号</p>
</footer>
</body>
</html>
```

效果如图7-22所示,这是一种标准文档流的表现形式,是最稳定的一种结构。

7.4.2　添加主要的类名

本小节根据内容、位置用div对文档进行划分,并定义适当的类名。类名可以根据内容、

位置来定义，最好是见名知意。整体内容用一个 div 包含，类取名为 container。一个页面可以有多个 header、nav，所以不要使用标记选择器，而是给它们添加相应的类名。左侧划分成两块，有相同的效果，定义一个类名 asidediv，右侧划分为 4 块，用 4 个 div，效果相同，定义一个类 rightdiv，如图 7-23 所示。

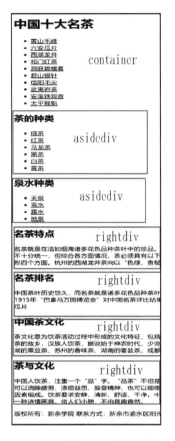

图 7-22　HTML 文档结构效果图　　　图 7-23　使用 div 划分文档

添加了类的文档代码如下，添加类名后浏览器的显示效果不变。

demo7-6. html：

```html
<body>
<div class = "container"> <!-- 该 div 为包含容器,用于实现页面的居中对齐 -->
<!-- 页眉部分 -->
<header class = "header"> <h1>中国十种名茶</h1> </header>
<!-- 给 header 添加"header"类名 -->
<!-- 导航部分 -->
<nav class = "nav">
<ul>
<li> <a href = "#">黄山毛峰</a> </li>
…
<li> <a href = "#">太平猴魁</a> </li>
</ul>
</nav>
```

```
<！- -侧边栏- - >
<aside class="aside">
<div class="asidediv"><！- -左侧的两个div效果相同,采用同一个类名- - >
<h2><img src="images/tub.gif" alt="" />茶的种类</h2>
<ul>
<li><a href="#">绿茶</a></li>
…
<li><a href="#">黄茶</a></li>
</ul>
</div>
<div class="asidediv">
<h2><img src="images/tub2.gif" alt="" />泉水种类</h2>
<ul><li><a href="#">天泉</a></li>
…
<li><a href="#">地泉</a></li>
</ul>
</div>
</aside>
<！- -主体部分- - >
<section class="section">
    <div class="rightdiiv">
<h2>名茶特点</h2>
<p>名茶就是浩如烟海的诸多花色品种茶叶中的珍品。……</p>
</div>
<div class="rightdiiv">
<h2>名茶排名</h2>
<p>中国茶叶历史悠久,而名茶就是诸多花色品种茶叶中的珍品。……</p>
</div>
<div class="rightdiiv"><h2>中国茶文化</h2>
<p>茶文化意为饮茶活动过程中形成的文化特征,包括茶道、茶德、茶精神、茶联、茶书、茶具、茶画、茶学、茶故事、茶艺等。……</p>
</div>
<div class="rightdiiv">
<h2>茶与文化</h2>
<p>中国人饮茶,注重一个"品"字。"品茶"不但是鉴别茶的优劣,也带有神思遐想和领略饮茶情趣之意。……</p>
</div>
</section>
<！- -页脚部分- - >
<footer class="footer">
<p>版权所有:新余学院数学与计算机学院 联系方式:新余市渝水区阳光大道2666号</p>
</footer>
</div>
</body>
```

7.4.3　公共样式的设置

首先定义公共样式 public.css,在公共样式中清除元素默认样式,公共样式设置好之后,链接到 demo7-6. html 文档,代码如下:

```
<link rel = "stylesheet" href = "css/pubilc.css">
```

public. css 代码如下，公共样式文件是通用的，定义好后可以用于其他网站，这里为了方便，把 container 类的设置也放在了 public. css 中。

```
*{
    margin:0;
    padding:0;
}
a{
    color:#000000;
    text-decoration:none;
}
ul,li{
    list-style:none;
}
html,body{
    font-family:Arial,'宋体';
    box-sizing:border-box;
    font-size:62.5%;
}
*,*:before,*:after{
    box-sizing:inherit;/*规定从父元素继承box-sizing属性的值*/
}
img{
    border:none;
}
input,button,a{
    outline:none;
}
.container{
    width:1000px;
    margin:0 auto;
}
```

7.4.4 页眉样式的设置

建立样式文件 demo7-6. css，链接到 html 文档，代码为：< link rel = " stylesheet" href = " css/demo7-6. css">，在样式文件中先对页眉进行设置。

这里的页眉使用一张背景图，预先处理好背景图，大小为 1000px ×250px。设置页眉的高度等于背景图的高度，宽度自适应，要对导航中的 li 设置浮动和居中对齐，li 的 line-height 等于 nav 的 height，设置 a 为块显示，设置 hover 的伪类效果。

代码如下：

```
/*页眉的样式*/
.header{
    background:url(../img/7.jpg);
    height:250px;
}
```

```
.header  h1{
    font-family:"微软雅黑";
    padding:40px 0 10px;
    color:#00aa00;
    font-size:2.5rem;
    }
```

导航条的设置和前面学习的导航条制作技术相同，代码如下：

```
.nav{
    height:40px;
    background:url(../img/nav2.jpg);
}
.nav ul li{
    float:left;
    text-align: center;
    line-height:40px;/*等于 nav 的高度*/
}
.nav ul li a{
    display:block;/*改变 a 的显示方式,增大单击的影响区域*/
padding:0 15px;
    font-size:1.6em;
    color:#F27602;
}
.nav ul li a:hover{
    color:#FFFFFF;
    background:#0a0;/*链接的 hover 效果*/
    }
```

效果如图 7-24 所示。

图 7-24　页眉及导航条效果图

7.4.5　主体样式的设置

1. 先实现两列的布局

左边的宽度设为 30%，右边的宽度设为 69%，留白 1%。代码如下：

```
.aside{
    width:30%;
    float:left;
```

```
}
.section{
    width:69% ;
    float:right;
    }
```

浮动会对兄弟元素造成影响，因此先设置页脚样式，页脚最主要的是要清除浮动，然后设置字体大小、背景色、行高等，代码如下：

```
.footer{
clear: both;
background: #66aa66;
height: 60px;
border - radius: 4px;
}
.footer p{
padding - top:25px;
text - align: center;
color: #ddd;
font - size:1.2rem;
}
```

这时效果如图 7-25 所示。

图 7-25　布局效果图

2. 对左侧设置样式

先将左侧边框设置为圆角，再定义 h2、ul、li，li 设置了 border-bottom 为虚线，结果最下面一行的虚线是多余的，采用伪类选择器 ".aside ul li:last-child" 把最后一个元素的下边框线取消，代码如下：

```
.aside div{
    width:75% ;
    border:1px solid #008000;
    margin:20px auto;/* 上下外边距为20px,居中对齐 */
```

```
    border-radius:10px;/*边框圆角*/
}
.aside div h2{
font-size:1.8em;
text-align: center;
color:#00aa00;
padding:10px 0;
}
.aside div ul li{
    line-height:30px;
    border-bottom:1px dashed #008800;
    text-align: center;
}
.aside li a{
    display:block;
    color:#333;
}
.aside li a:hover{
    background:#0a0;
    color:#fff;
}
.aside ul li:last-child{
    border-bottom:none;/*清除最后一个li的下边框线*/
    }
```

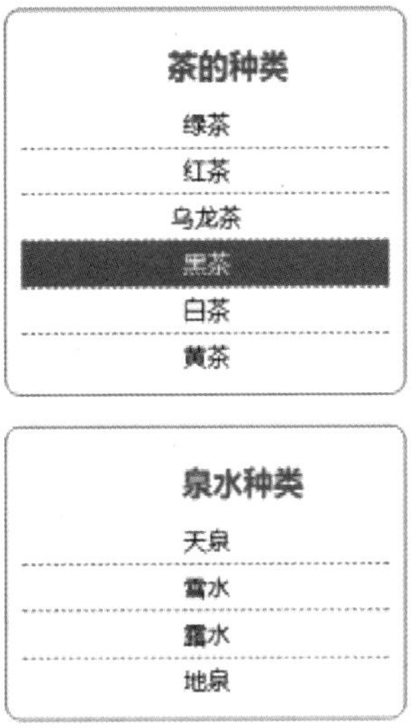

左侧效果如图7-26所示。

3. 设置右侧主体样式

先设置右边 div 的宽度、浮动等样式，再为标题 h2 设置字体大小、居中对齐、行高，给 h2 添加背景图，设置背景图位置为右下，代码如下：

图 7-26　左侧效果图

```
.section div{
    width:90% ;
    margin:10px auto;
}
.section div h2{
    background:url(images/73.gif) no-repeatbottomright;/*设置背景图,美化标题h2*/
    text-align:center;
    font-size:1.8em;
    color:#008800;
    line-height:30px;
}
.section div p{
    line-height:160% ;
    text-indent:2em;
    font-size:1.4rem;
    }
```

至此，完成了 CSS 样式部分。

现在我们把这个过程梳理一遍：首先要正确搭建 HTML 文档结构，然后对 HTML 文档结构分块处理，添加 div，接着给 div 添加类名，开始写样式，最后进行交互的细节设计。写样式的时候遵循先写公共样式，再写页眉、主体、页脚的样式。在写代码时最好加上一些注释，这样方便阅读及理解。

本章小结

本章介绍了网页布局，首先介绍了网页版面设计来源于传统纸张媒体的"网格"布局思想，然后介绍了几种常见的网页布局形式和它们实现的方法，最后通过一个案例讲解了从 HTML 文档结构的搭建到用 DIV + CSS 实现布局的全过程。

【动手实践】

仿网易云音乐首页，如图 7-27 所示。

网易云音乐首页

图 7-27 【动手实践】题图

【思考题】

1. 常见的布局有哪几种形式？实现布局的 HTML5 标签有哪些？
2. 写出你的常用的公共样式文件。

第8章

CSS3的新增属性

CSS3 是 CSS2 的升级版本，它增加了很多新属性，如圆角、阴影、动画、变形等，通过这些属性的设置，可以减少图片的使用，在不使用 JavaScript 情况下，也能实现交互的效果。本章介绍一些 CSS3 新增属性。在使用 CSS3 新增属性时，要注意浏览器的支持性，有些属性要加私有前缀，如 Safari、Chrome 浏览器的私有前缀为 – webkit – ，IE 浏览器的私有前缀为 – ms – ，Firefox 浏览器的私有前缀为 – moz – ，Opera 浏览器的私有前缀为 – o – 。

✎学习目标

1. 掌握 CSS3 新增属性的语法格式
2. 掌握 CSS3 新增属性的使用方法
3. 能结合不同的属性制作出一些实用的交互效果

8.1 分列布局 column 属性

在 word 中进行排版时，可以使用分栏将内容分成两栏、三栏。在网页的排版中，也可以对页面的内容进行分列排版。

网页中的分列用 column 属性来实现，具体的属性设置如下：

1）"column-count：number"，设置分栏的列数，浏览器会根据窗口的宽度自动计算每列的宽度。

2）"column-width：width"，设置每列的宽度，浏览器会根据窗口的宽度自动计算分成几列。

3）"columns number ｜ width"，以上两个属性可以用复合属性 columns 取代。

4）"column-gap：< length > ｜ normal"，设置列与列之间的间距，默认值 normal 为 30px。

5）"column-rule：[column-rule-width]‖[column-rule-style]‖[column-rule-color]；"设置列与列之间的边隔线。可以分别用 column-rule-width、column-rule-style 和 column-rule-color 设置，一般用 column-rule 这个复合属性，设置方式和 border 属性相同。

6）"column-span：none ｜ all"，设置对象元素是否横跨所有列，默认为 none。

例如，一篇文章的标题需要横跨所有的列，便可以设置 column-span：all。

Edge、Chrome50、IE10 以上都支持多列属性。Internet Explorer 9 及更早的版本不支持多列属性。部分版本需要加指定浏览器的前缀：Chrome、Safari、Opear 为 – webkit – ，Firefox 为 – moz – 。

demo8-1. html：

```
<! doctype html >
<html >
```

```
    <head>
        <meta charset = "utf-8">
        <title>分列属性</title>
    </head>
<style>
    .con{
            /* -webkit-column-count:3;设置分3栏 */
            /* -webkit-column-width:200px;设置每栏的宽度为200px */
            /* -webkit-columns:3200px; */
            column-width:300px;
            column-gap:40px;
            column-rule:orange 5px dashed;
        /* 不加前缀,分别设置每栏的宽度为300px,栏之间的间距为40px,分隔线为橙色、
5px、虚线 */
            -webkit-columns:300px;
            -webkit-column-grap:40px;
            -webkit-column-rule:orange 5px dashed;
        /* 添加-moz- */
            -moz-columns:300px;
            -moz-column-grap:30px;
            -moz-column-rule:orange 5px dashed;
        }
    h2,h4{
        /*设置标题样式和跨列*/
        column-span:all;
        -webkit-column-span:all;
        -moz-column-span:all;
        text-align:center;
        color:orange;
    } </head>
    <body>
    <div class="con">
        <h2>故都的秋</h2>
        <h4>郁达夫</h4>
        <p>秋天,无论在什么地方的秋天,总是好的;可是啊,北国的秋,却特别地来得清,来得
静,来得悲凉。……</p>
    </div>
    </body>
</html>
```

IE 浏览器和 Chrome 浏览器的效果如图 8-1 所示。

说明：

1）如果只设置了列数，没设置每列的宽度，改变窗口的大小，列宽随之改变。

2）如果只设置了每列的宽度，没有设置列数，改变窗口的大小，列数随之改变。

3）如果同时设置了列数和宽度，如 -webkit-columns：3200px;，表示列宽应该大于等于200px，如果小于200px，自动调整列数为两列。

4）为了兼容浏览器的各种版本，这里加上了各类浏览器的私有前缀，后面的案例以 Chrome 浏览器为主，不再添加前缀。

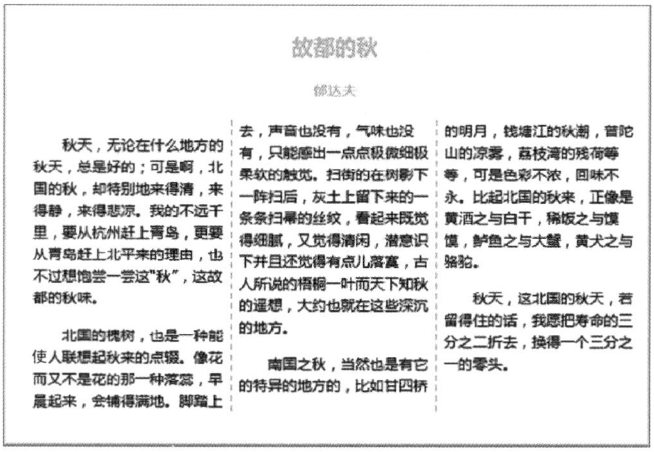

图 8-1　多列布局效果图

8.2　文字阴影 text-shadow 属性

text-shadow 属性可向文本添加一个或多个阴影，给文字设置阴影可以使得文字获得立体的效果。

语法格式：

```
text-shadow:offset-x  offset-y  blur-radius   color;
```

说明：

1）offset-x：必选项，设置水平阴影的大小，正值阴影向右投影，负值向左投影。

2）offset-y：必选项，设置垂直方向阴影的大小，正值阴影向下投影，负值向上投影。

3）blur-radius：可选项，设置阴影的模糊距离，其值只能为正值，如果为 0，表示阴影不具有模糊效果，其值越大阴影就越模糊。

4）color：可选项，设置阴影的颜色，如果缺省，则浏览器会取默认色，但各浏览器默认色不一样，不建议缺省。

5）可以叠加多个阴影，用逗号分隔，以增加文字的立体的效果 IE10、Chrome40 以上的浏览器都支持该属性。

demo8-2.html：

```
<!DOCTYPE html>
<html>
    <head>
        <meta charset="UTF-8">
        <title>text-shadow</title>
        <style>
            p{
                display:inline-block;
                padding:20px;
                font-size:24px;
                color:#444;
            }
```

```
.txt1 {/* 只设置了水平阴影30px */
    text-shadow:30px 0 0px #ccc;
}
.txt2 {/* 设置了垂直阴影-30px,阴影模糊值2px */
    text-shadow:0px 30px 0px #ccc;
}
.txt3 {/* 同时设置了所有的参数 */
    text-shadow:2px 4px 2px #aaa;
}
.txt4 {
/* 多个阴影叠加 */
    background-color:#eee;
    color:#ddd;
    text-shadow:-1px -1px 0 #fff,
               1px 1px 0 #333,
               1px 1px 0 #444;
}
</style>
</head>
<body>
    <p class="txt1">web前端</p>
    <p class="txt2">web前端</p>
    <p class="txt3">web前端</p>
    <p class="txt4">web前端</p>
</body>
</html>
```

效果如图8-2所示。

图8-2 文字阴影效果

8.3 盒子 box-shadow 属性

box-shadow 属性给块元素添加阴影，一般作用在段落，图片，div 等元素上，效果与 text-shadow 属性相似。

语法格式：

```
box-shadow:inset offset-x offset-y blur-radius spread-radius color;
```

说明：

1）inset，投影方式，可选项，它有两个取值：outset：默认值，外阴影，阴影落在盒子外；inset，内阴影，阴影落在盒子内部。

2）offset-x，必选项，设置水平阴影的大小，正值阴影向右投影，负值向左投影。

3）offset-y，必选项，设置垂直方向阴影的大小，正值阴影向下投影，负值向上投影。

4）blur-radius，可选项，设置阴影模糊距离，其值只能为正值，默认值为 0，表示阴影不具有模糊效果，其值越大阴影就越模糊。

5）spread-radius，可选项，设置阴影延展距离，其值可以是正负值，如果值为正，则阴影延展扩大，为负值，则阴影缩小。

6）color，可选项，设置阴影的颜色，如果不设定任何颜色，浏览器会取默认色，但各浏览器默认颜色不一样，建议不要省略此参数。

7）可以叠加多个阴影，用逗号分隔，以增加阴影的效果。

demo8-3.html

```html
<!DOCTYPE html>
<html>
    <head>
        <meta charset="UTF-8">
        <title>box-shadow</title>
<style>
    div{
            width:100px;
            height:100px;
            margin:20px;
            background-color:yellow;
            display:inline-block;
        }
    .box1{
            /* 只设置了水平方向的阴影30px */
        box-shadow:30px 0px 0px 0px #ccc;
        }
    .box2{
            /* 设置了垂直方向的阴影100px,模糊为10px,延展为-10px */
        box-shadow:0px 100px 10px -10px #a00;
        }
    .box3{
            /* 同时设置了水平和垂直方向的阴影 */
        box-shadow:5px 5px 15px rgba(0,0,0,0.5);
        }
    .box4{
            /* 内投影 */
        box-shadow:rgba(200,50,93,0.5)0px 30px 60px -12px inset,
        rgba(200,0,0,0.8)0px 18px 36px -18px inset;
        }
    .box5{
            /* 多重阴影 */
        box-shadow:rgba(0,0,0,0.16)0px 10px 36px 0px,
        rgba(0,0,0,0.06)0px 0px 0px 1px;
        }
</stye>
        </head>
        <body>
```

```
<div class='box1'></div>
<div class='box2'></div>
<div class='box3'></div>
<div class='box4'></div>
<div class='box5'></div>
</body>
</html>
```

效果如图 8-3 所示。

图 8-3　box-shadow 盒子阴影

8.4　圆角边框 border-radius 属性

CSS3 的圆角边框实际上是在矩形的 4 个角分别做内切圆，然后通过设置内切圆的半径来控制圆角的弧度。如图 8-4 所示。

圆角边框使用 border-radius 属性来实现，这是一个复合属性。

语法格式：

```
border-radius:1~4 <length>/1~4 <length>
```

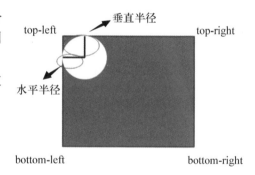

图 8-4　圆角半径

说明：

1）Length：半径单位，不可为负值，单位可以是 px、em、rem 或百分比。

2）如果"/"前后的值都存在，那么"/"前面的值表示水平半径，"/"后面值表示垂直半径。如果没有"/"，则表示水平和垂直半径相等。例如：border-radius：10px/20px；则矩形 4 个角的水平半径都为 10px，垂直半径都为 20px。border-radius：10px；则矩形 4 个角的水平半径和垂直半径都为 10px。

3）1~4，表示可以给定 1~4 对值。

- 如果给定 4 对值，则分别表示 top-left、top-right、bottom-right、bottom-left 的 4 个角的半径。
- 如果给定 3 对值，则第 1 个值为 top-left，第 2 个值为 top-right、bottom-left，第 3 个值为 bottom-right。
- 如果给定 2 对值。则第 1 个值为 top-left、bottom-right，第 2 个值为 top-right、bottom-left。
- 如果只给出一个值，则 4 个角的半径都相同。

border-radius 是复合属性，也可以把每个角单独拆分出来，写法如下：

左上角：border-top-left-radius：＜length＞/＜length＞

右上角：border-top-right-radius：＜length＞/＜length＞

右下角：border-bottom-right-radius：＜length＞/＜length＞

左下角：border-bottom-left-radius：＜length＞/＜length＞

demo8-4.html：

```
<!doctype html>
<html>
<head>
<meta charset="utf-8">
<title>border-radius</title>
<style>
div{
    width:200px;
    height:100px;
    background-color:lightblue;
    display:inline-block;
    margin:20px;
}
.rd1{
    /* 4个角的水平半径和垂直半径都相同 */
    border-radius:20px;
}
.rd2{
    /* 4个角的水平半径为20px,垂直半径为40px */
    border-radius:20px/40px;
}
.rd3{
    /* 左上和右下的水平和垂直半径为10% 60px,右上和左下的水平和垂直半径为20% 60px */
    border-radius:10% 20% /60px;
}
.rd4{
    /* 4个角的水平半径和垂直半径分别为宽、高的50%,椭圆的设置 */
    border-radius:50% ;
}
.rd5{
    /* 左上角和右上角的设置 */
    border-radius:20px 20px 0 0;
}
.rd6{
    /* 分别设置左上和右下角 */
    border-top-left-radius:5em;
    border-bottom-right-radius:5em;
}
</style>
</head>
```

```
< body >
< div class = "rd1" > < / div >
< div class = "rd2" > < / div >
< div class = "rd3" > < / div >
< div class = "rd4" > < / div >
< div class = "rd5" > < / div >
< div class = "rd6" > < / div >
< / body >
< / html >
```

效果如图8-5所示。

图 8-5　border-radius 效果图

8.5　渐变 Gradient 属性

渐变指在两个或多个颜色之间平稳过渡的效果，CSS3 的渐变分为 linear-gradient（线性渐变）和 radial-gradient（径向渐变），使用的是 background 或 background-images 属性，不能使用 background-color 属性。

（1）线性渐变　指以线性角度控制渐变。

语法格式：

```
linear - gradient([ < angle > ], < color - stop > [ , < color - stop > ]···)
```

说明：

◇ color：必选项，指渐变的颜色，至少要两种以上的颜色。

◇ stop：可选项，指渐变开始的位置，缺省则均匀渐变。

◇ angle：可选项，指渐变的线性角度，取值有两种：一种是角度（单位为 deg）；另外一种是使用关键字，见表8-1。

表 8-1　angle 取值表

属性值	对应角度	说明
to top	0deg	从下到上
to bottom	180deg	从上到下(默认值)
to left	270deg	从右到左
to right	90deg	从左到右
to top left	无	从右下角到左上角(斜对角)
to top right	无	从左下角到右上角(斜对角)

1）颜色均匀间隔的渐变，如从红色渐变过渡到绿色，50% 的地方是两种颜色渐变的转折线，效果如图8-6所示。

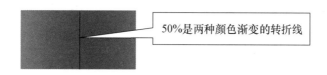

图8-6　均匀间隔的渐变

语法格式：

div{background:linear-gradient(to right,red,green);}

2）颜色不均匀分布的渐变，效果如图8-7所示。

语法格式：

div{background:linear-gradient(to right,red 30%,green);}

3）重复的线性渐变，重复多次渐变直到足够填满指定元素，效果如图8-8所示。

图8-7　不均匀分布的渐变　　　　　　　图8-8　重复的线性渐变

语法格式：

div{background:repeating-linear-gradient(to right,red 10%,green 20%);}

详见案例demo8-5.html。

（2）径向渐变　径向渐变（radial-gradient）指颜色从内到外进行的圆形或椭圆形渐变，颜色不再沿着一条直线渐变，而是从一个起点向所有方向渐变。

语法格式：

background:radial-gradient(position,shape,size,color1-stop,color2-stop…)

◇ position：可选项，用于定义径向渐变的"圆心位置"，取值跟background-position属性取值一样，如缺省，默认为中心点。

◇ shape：可选项，渐变的形状。取值为circle（圆形）或ellipse（椭圆形），默认值是ellipse。

◇ size：可选项，渐变的尺寸大小。

◇ color：必选项，定义渐变的颜色，至少要两种以上的颜色。

Chrome和Firefox浏览器只能识别以-webkit-作为前缀的径向渐变属性。

1）颜色均匀间隔的径向渐变。例如：

div{width:300px;
　　height:200px;
　　background:radial-gradient(red,yellow,gray);
　　}

以圆心为中心点，以椭圆形状发散，在三种颜色之间均匀渐变。详见案例 demo8-6. html，效果如图 8-9 所示。

2）颜色不均匀分布的径向渐变。例如：

```
div{width:300px;
height:200px;
background:radial - gradient(circle,red 5% ,yellow 40% ,gray 70% );
}
```

以圆点为中心，以圆形发散渐变，5% 、40% 、70% 是三种颜色的转折点，5% ~ 40% 是红色到黄色的过渡，40% ~70% 是黄色到灰色的过渡。详见案例 demo8-6. html，效果如图 8-10 所示。

图 8-9 均匀径向渐变

图 8-10 不均匀径向渐变

利用渐变可以制作各种漂亮的按钮。

demo8-7. html：

```
<! doctype html >
<html >
<head >
        <meta charset = "utf -8 " >
        <title >渐变案例 </title >
        <style >
            input {
                border:none;
                outline:none;
                width:100px;
                height:35px;
                border - radius:5px;
                color:white;
            }
        input[type ='button']{
background:linear - gradient(to right,rgb(229,45,39)0% ,rgb(179,18,23)51% ,rgb
(229,45,39)100% );
                transition:all 0.5s;
            }
    input[type ='button']:hover {
background:linear - gradient(to left,rgb(229,45,39)100% ,rgb(179,18,23)51% ,rgb
(229,45,39)0% );
```

```
            }
        </style>
    </head>
<body>
        <input type = "button" value = "button">
    </body>
</html>
```

8.6 过渡 transition 属性

这里的过渡指从一个 CSS 属性平滑过渡到另一个 CSS 属性的过程。使用 transition 属性来实现，基本语法如下：

```
transition:property  duration  timing-function  delay;
```

该属性常结合 hover active 伪类来实现

说明：

1）property：必选项，给定要使用过渡效果的 CSS 属性名称，取值为

◇ none：没有 CSS 属性使用过渡效果。

◇ all：所有 CSS 属性都使用过渡效果。

◇ property：指定具体的 CSS 属性名，如 width、color 等。

2）duration：必选项，给定过渡效果所花费时间，单位为毫秒，默认是 0，意味着没有效果。

3）timing-function：可选项，定义过渡效果的速度曲线，取值为

◇ Linear：规定以相同速度开始至结束的过渡效果。

◇ ease：默认值，规定慢速开始，然后变快，最后慢速结束的过渡效果。

◇ ease-in：规定以慢速开始的过渡效果。

◇ ease-out：规定以慢速结束的过渡效果。

◇ ease-in-out：规定以慢速开始和结束的过渡效果。

4）delay：可选项，给定过渡开始之前需要等待的时间，单位为毫秒，默认是 0。

Internet Explorer 10、Firefox、Opera 和 Chrome 浏览器都支持 transition 属性，Internet Explorer 9 及更早版本的浏览器不支持 transition 属性。

demo8-8. html：

```
<!doctype html>
<html>
<title>transition</title>
<style>
div{
    width:100px;
    height:100px;
    background-color:#808000;
    margin:20px;
    transition:all 2s;
```

```
    }
.trans1:hover{
    border-radius:50% ;
    background-color:orange;
}
.trans2:active{
    width:300px;
}
</style>
</head>
<body>
<div class="trans1"></div>
<div class="trans2"></div>
</body>
</html>
```

图8-11　transtion 多属性的变化

效果如图8-11所示。

8.7　变形 transform 属性

使用 transform 属性可以将元素进行旋转、倾斜、缩放和移动等。基本语法如下：

```
transform:none |transform-functions;
```

其中，none 为默认值，表示不进行变形；transform-functions 用于设置变形函数，可以是一个或多个变形函数列表。以下是其具体属性。

1. 旋转（rotate）

语法格式：`transform:rotate(angel);`

angel 表示旋转的角度，单位为 deg，正值为顺时针旋转，负值为逆时针旋转。旋转原点默认为对象的中心点。

2. 缩放（scale）

语法格式：`transform:scale(x,y);`

参数 x，y 分别表示水平和垂直方向的缩放倍数；如果只有一个参数，则表示水平和垂直方向缩放倍数相同。

还可以写成 transform：scaleX（x），表示水平方向缩放的倍数。

transform：scaleY（y），表示垂直方向缩放的倍数。

例如，鼠标指向图片，观察5张图片的变化。

demo8-9. html：

```
<! doctype html>
<html>
<head>
<meta charset="utf-8">
<title>tranform----rotate scale</title>
<style>
```

```
img{
    width:200px;
    height:200px;
    padding:8px;
    box-shadow:7px 5px 5px #d9d9d9;
    margin:50px;
    transition:all 1s;
    }
    /*图像逆时针旋转45度*/
img.rotate1:hover{
    transform:rotate(-45deg);
    }
    /*图像顺时针旋转45度*/
    img.rotate2:hover{
    transform:rotate(45deg);
    }
    /*图像水平方向扩大1.5*/
    img.scaleX:hover{
    transform:scaleX(1.5);
    }
        /*图像垂直方向扩大1.5*/
img.scaleY:hover{
        transform:scaleY(1.5);
        }
        /*图像水平垂直方向放大*/
img.scale:hover{
    transform:scale(1.2);
    }
</style>
</head>
<body>
    <img src="img/beauty5.jpg" class="rotate1">
    <img src="img/beauty5.jpg" class="rotate2">
    <img src="img/beauty5.jpg" class="scaleX">
    <img src="img/beauty5.jpg" class="scaleY">
    <img src="img/beauty5.jpg" class="scale">
</body>
</html>
```

效果如图8-12所示。

图8-12　rotate 与 scale 效果

3. 倾斜（skew）

语法格式：transform:skew(<angle>[,<angle>]);

两个参数值分别表示沿 x 轴和 y 轴倾斜的角度，如果第二个参数为空，则默认为0。还可以写成：

skewX（<angle>）；表示沿 x 轴方向倾斜。参数为正时，沿 x 轴逆时针旋转，参数为负时，沿 x 轴顺时针旋转。

skewY（<angle>）；表示沿 y 轴方向倾斜。参数为正时，沿 y 轴逆时针旋转，参数为负时，沿 y 轴顺时针旋转。

demo8-10. html：

```html
<!doctype html>
<html>
    <head>
        <meta charset="UTF-8">
        <title>skew</title>
        <style>
            div {
                width:100px;
                height:100px;
                background:#0f0;
                margin:40px;
                display:inline-block;
                transition:all 2s;
            }
            /*沿 x 轴逆时针旋转30度*/
            div:nth-child(1):hover {
                transform:skewX(30deg);
            }
            /*沿 x 轴顺时针旋转30度*/
            div:nth-child(2):hover {
                transform:skewX(-30deg);
            }
            /*沿 y 轴逆时针旋转30度*/
            div:nth-child(3):hover {
                transform:skewY(30deg);
            }
            /*沿 y 轴顺时针旋转30度*/
            div:nth-child(4):hover {
                transform:skewY(-30deg);
            }
            /*沿 x 轴、y 轴都逆时针旋转30度*/
            div:nth-child(5):hover {
                transform:skew(30deg,30deg);
            }
        </style>
    </head>
```

```
< body >
    < div > < / div >
    < div > < / div >
    < div > < / div >
    < div > < / div >
    < div > < / div >
< / body >
< / html >
```

效果如图 8-13 所示。

图 8-13　skew 效果

4.　移动 translate

语法格式：

```
transform：translate(x,[y])
```

参数表示移动距离，单位为 px、百分比，可正可负。

参数 x 表示沿 x 轴水平方向的移动距离，为正时向右，为负时向左；参数 y 表示沿 y 轴垂直方向的移动距离，为正时向下，为负时向上。参数默认为 0。

也可以单独写成：

transform：translateX（x），设置沿 x 轴方向水平移动；

transform：translateY（y），设置沿 y 轴方向垂直移动。

demo8-11. html：

```
< ! doctype html >
< html >
  < head >
    < meta charset = "UTF - 8 " >
    < title >translate < / title >
    < style >
      div{
        width:100px;
        height:100px;
        background:#0f0;
        margin:50px;
        transition:all 2s;
      }
      /* 沿 x 轴水平移动 150px */
      div:nth - child(1):hover{
        transform:translateX(150px);
```

```
    }
    /* 沿 y 轴垂直移动 100px */
    div:nth-child(2):hover{
      transform:translateY(100px);
    }
    /* 沿 x 轴、y 轴同时移动 100px */
    div:nth-child(3):hover{
      transform: translate(100px,100px);
    }
  </style>
</head>
<body>
    <div></div>
    <div></div>
    <div></div>
</body>
</html>
```

5. transform-origin

使用 transform 属性进行的旋转、移位、缩放等操作都是以元素自己的中心（变形原点）位置进行变形的，但很多时候需要在不同的位置对元素进行变形操作，此时就可以使用 transform-origin 属性设置元素的变形原点。

语法格式：

```
transform-origin(x y);
```

x 表示变形中心距离元素左侧的偏移值，单位为 px 或百分比。

y 表示变形中心距离元素顶部的偏移值，单位为 px。

除了可以将两个参数设置为具体的像素值外，也可以用关键字。其中，第一个参数可以指定为 left、center、right，第二个参数可以指定为 top、center、bottom。

demo8-12. html：

```
<!doctype html>
<html>
<head>
    <meta charset="UTF-8">
    <title>transform-origin</title>
    <style>
        .wrapper{
            width:200px;
            height:200px;
            margin:200px;
            border:2px dotted red;
            line-height:200px;
            text-align:center;
        }
        .wrapper div{
            background:orange;
```

```
        transform:rotate(45deg);
        }
        /*设置旋转基点为左上角0,0*/
        .transform-origin div{
            transform-origin:0 0;
            transform:rotate(45deg);
        }
        /*设置旋转基点为右上角*/
        .transform-origin2 div{
            transform-origin:right top;
            transform:rotate(-45deg);
        }
    </style>
</head>
<body>
    <div class="wrapper">
        <div>原点在默认位置处</div>
    </div>
    <div class="wrapper transform-origin">
        <div>原点重置到左上角</div>
    </div>
    <div class="wrapper transform-origin2">
        <div>原点重置到右上角</div>
    </div>
</body>
</html>
```

效果如图8-14~图8-16所示。

图8-14 原点在默认位置   图8-15 原点在左上角   图8-16 原点在右上角

提示：以上介绍的旋转、缩放、倾斜、移动的方法可以组合起来使用，例如

```
transform: rotate(45deg) scale(0.5) skew(30deg, 30deg) translate(100px, 100px);
```

这4种变形方法的顺序随意，但不同的顺序会导致变形结果不同，原因是变形的顺序是从左到右依次进行，该例用法中的执行顺序为rotate、scale、skew、translate。

8.8 动画 animation 属性

transition属性可以实现从一个属性到另一个属性的平滑改变，而CSS3提供的animation属性可以实现从一个关键帧到多个关键帧之间变化，制作出类似Flash、Gif的动画效果。

一个完整的 CSS3 的 animation 由两部分构成：

1）定义动画：@ keyframes。

2）调用动画：animation。

1. @keyframes

在 CSS3 中使用@ keyframes 来创建动画。keyframes 可以设置多个关键帧，每个关键帧表示动画过程中的一个状态，多个关键帧就可以使动画十分绚丽。

@ keyframes 规则的语法格式如下：

```
@ keyframes animationname {
keyframes - selector{css - styles;}
}
```

animationname 表示当前动画的名称，必选项。

keyframes-selector：关键帧选择器，描述关键帧的位置值，取值范围从 0 ~ 100%，也可以是关键字 from 或者 to，其中 from 等同于 0，表示动画的开始，to 等同于 100%，表示动画的结束。

2. animation

动画创建好后，使用 animation 属性调用动画。

基本语法如下：

```
animation:[ name ][ duration ][ timing - function ][ delay ][ iteration - count ]
[ direction ][ fill - mode ][ play - state ];
```

各属性的说明见表 8-2。

表 8-2　animation 属性

属性	描述
name	@ keyframes 中定义的动画名称，取值 none，则无动画效果，必选项
duration	动画完成一个周期所花费时间，单位为毫秒，默认是 0，必选项
timing-function	规定动画的速度曲线，取值同 transition-timing-function 的值，默认是"ease"，可选项
delay	规定动画开始前的延迟，单位为毫秒，可选项，默认是 0
iteration-count	规定动画被播放的次数，取值为 n，默认是 1，infinite 为无限播放，可选项
direction	规定动画播放方向，默认是 normal，可选项 reverse：倒序播放 alternate：交替播放 alternate-reverse：反向交替播放
play-state	规定动画是否正在运行或暂停，默认是 running，paused 动画暂停播放，可选项
fill-mode	规定动画播放前后应用元素的样式，可选项 none：动画执行前后不改变任何样式 forwards：保持目标动画最后一帧的样式 backwards：保持目标动画第一帧的样式 both：动画将会执行 forwards 和 backwards 的动作

Internet Explorer 10、Firefox16.0、Chrome43.0、Safari9.0 以上版本都支持@ keyframes 规则和 animation 属性。Internet Explorer 9 及更早的版本，不支持@ keyframes 规则或 animation 属性。

demo8-13. html：

```
<! doctype html >
<html >
<head >
    <meta charset = "utf - 8 " >
    <title >animation </title >
  <style >
    .trans{
        width:50px;
        height:50px;
        border:5px solid #ccc;
        border - radius:50% ;
        border - bottom - color:#000;
      /* 调用动画 */
        -webkit - animation:cir 3s linear infinite;
    }
  /* 定义动画 */
@ -webkit - keyframes cir{
    /* 0% 处定义关键帧 */
    0% {
        transform:rotate(0deg);
        border - bottom - color:#f00;
    }
    /* 50% 处定义关键帧 */
    50% {
        transform:rotate(180deg);
        border - bottom - color:#0f0;
    }
    /* 100% 处定义关键帧 */
    100% {
        transform:rotate(360deg);
        border - bottom - color:#00f;
    }
  }
  </style >
</head >
    <div class = "trans" > </div >
</html >
```

效果如图 8-17 所示。

本书提供了多个动画的案例，详见 demo8-14. html ~ demo8-16. html。

图 8-17　animation
动画效果

8.9　CSS3 照片墙的制作

前面讲解了 CSS3 的多个新属性，接下来运用所学，用纯 CSS 代码实现交互式照片墙的效果。

1. 案例分析

照片墙特效内容为：照片以不同的旋转角度、扭曲角度排成花瓣形，当鼠标指针移动到某一张照片上时，此照片缓慢地由旋转、扭曲的状态转变为端正状态，并且放大一定比例显示在最上面，鼠标指针移走后，又恢复为原状态。效果如图 8-18 所示。

2. 要用到的知识点

1）box-shadow：给图像元素的边框添加阴影效果。

2）position：给元素定位（对父元素进行相对定位，对子元素进行绝对定位）。

3）z-index：设置元素的上下层显示。

4）transition：设置元素由样式 1 转变为样式 2 的过程所需的时间。

图 8-18　花瓣照片墙效果图

5）transform：使元素变形的属性，其配合 rotate（旋转角度）、scale（改变大小）、skew（扭曲元素）等参数一起使用。

3. 制作步骤

1）搭建 HTML 文档结构，代码如下：

```
<body>
  <div class="con">
    <h1>雅韵</h1>
    <imgsrc="img/ya1.jpg" class="ya1"/>
    <imgsrc="img/ya2.jpg" class="ya2"/>
    <imgsrc="img/ya3.jpg" class="ya3"/>
    <imgsrc="img/ya4.jpg" class="ya4"/>
    <imgsrc="img/ya5.jpg" class="ya5"/>
    <imgsrc="img/ya6.jpg" class="ya6"/>
  </div>
</body>
```

把 6 张照片都放在一个 div 容器中，分别给每一张照片加载不同的类名。

2）设置容器 div 的样式，把父容器设置为相对定位，但不设置偏移量。代码如下：

```
body{
    background:#eee;
    }
    /*设置外围容器的大小和相对定位*/
.con{
```

```
    width:1000px;
    height:600px;
    margin:50px auto;
    position:relative;
}
/*设置标题的样式*/
.con h1{
    text - align: center;
    font - family:"微软雅黑";
    font - size:3em;
    color:#faa;
    text - shadow:2px 2px 3px rgba(100,100,100,0.4);
}
```

3）使用边框、内边距、阴影等属性对图像进行外观处理，使图像具有立体感。代码如下：

```
/*统一设置图像样式,图像绝对定位*/
.con img{
    width:200px;
    height:200px;
    padding:5px;
    background: white;
    box - shadow:2px 2px 3px rgba(50,50,50,0.4);
    border - radius:30% ;
    transition:2s ease - in;
    position:absolute;
}
```

4）照片以不同的位置和旋转角度随意摆放：设置每一张照片的绝对定位的位置、旋转角度、扭曲角度等。

```
.ya1{
    top:120px;
    left:320px;
    -webkit - transform: rotate( -20deg) skewX( -30deg);
    -moz - transform: rotate( -20deg) skewX( -30deg);
    transform: rotate( -20deg) skewX( -30deg);
}
.ya2{
    top:200px;
    left:450px;
    -webkit - transform: rotate(20deg) skewY( -25deg);
    -moz - transform: rotate(20deg) skewY( -25deg);
    transform: rotate(20deg) skewY( -25deg);
}
.ya3{
    top:200px;
```

```
    left:200px;
    transform: rotate(20deg) skewx(30deg);
    -moz-transform: rotate(20deg) skewx(30deg);
    -webkit-transform: rotate(20deg) skewx(30deg);
}
.ya4{
    top:350px;
    left:210px;
    transform: rotate(30deg) skewY(-30deg);
    -moz-transform: rotate(30deg) skewY(-30deg);
    -webkit-transform: rotate(30deg) skewY(-30deg);
}
.ya5{
    top:350px;
    left:400px;
    -webkit-transform: rotate(-20deg) skewY(25deg);
    -moz-transform: rotate(-20deg) skew(25deg);
    transform: rotate(-20deg) skew(25deg);
}
.con.ya6{
    top:250px;
    left:300px;
    border-radius:50%;
}
```

5）将鼠标指针移动到某一张照片上时，此照片由倾斜、扭曲的状态缓慢旋转成端正状态，并且设置 z-index 属性，让它放大显示在最上层。

```
.con img:hover{
    box-shadow:10px 10px 15px rgba(100,100,50,0.4);
    -webkit-transform:rotate(0deg) scale(1.20);
    -moz-transform:rotate(0deg) scale(1.20);
    transform:rotate(0deg) scale(1.20);
    border-radius:50%;
    z-index:99;
}
```

本章小结

本章介绍了 CSS3 新增的一些属性，包括分列布局 column 属性、文字阴影 text-shadow 属性、盒子阴影 box-shadow 属性、圆角边框 border-radius 属性、渐变 gradient 属性、变形 transform 属性，以及制作动画的两个属性，即 transition、animation 属性，详细地讲解了这些属性的语法、功能、浏览器的支持情况，并给出了相应案例。最后综合利用这些属性制作了照片墙。

【动手实践】

1. 利用 CSS3 属性制作校园风光的照片墙，照片墙的形状可以自己设计。要求有交互的效果。

2. 利用 animation 属性制作进度条从 0～100% 的效果图，如图 8-19 所示。

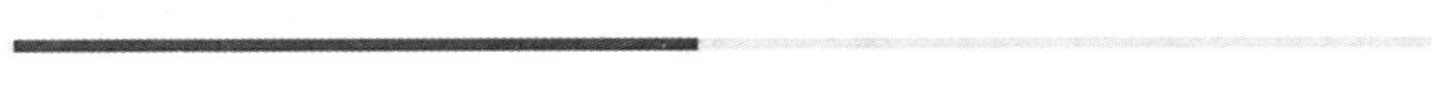

图 8-19 【动手实践】题 2 图

【思考题】

1. 浏览器的发展非常快，读者可以查阅近年主流浏览器的发展情况以及它们使用的内核变化。

2. transition 属性和 animation 属性区别在哪里？

3. 想想如何利用 border-radius 属性实现半圆的效果。

第9章

响应式Web设计原理

前面我们学习的网页设计主要针对 PC 端，随着移动互联网的发展，越来越多的智能移动设备接入到互联网中，移动互联网成为 Internet 的重要组成部分。如何让网页适应不同的终端设备，在不同的终端上显示相同的效果，这就是响应式设计要解决的问题。响应式设计，可以针对不同的终端显示出合理的页面，实现一次开发、多处适用。它可以整合从计算机到手机的各种屏幕尺寸和分辨率，使网页适应各种不同分辨率的屏幕。

学习目标

1. 了解视口的概念
2. 掌握 CSS3 媒体查询的使用
3. 掌握弹性布局，能用弹性布局设计页面
4. 掌握网格布局，能用网格布局设计页面

9.1 视口概述

9.1.1 响应式设计的网站

先来看一个响应式设计的网站。打开苹果公司的网站，在 PC 端看到的效果如图 9-1 所示。在手机端打开，看到的效果如图 9-2 所示。

图 9-1 PC 端效果   图 9-2 手机端效果

由图 9-1 和图 9-2 可以看到，随着屏幕变小，菜单折叠了，变成了汉堡菜单，内容由原来的两栏显示变为了一栏显示，字体和图片相应地进行了调整，但内容没变，总体效果也没变，这就是响应式 Web 设计。学习响应式设计，要掌握如下原理。

9.1.2 什么是视口

手机屏幕的分辨率不同，内容显示的宽度及高度就不同，同一张图片在不同的手机上显示的位置和大小在视觉上也存在着差异，需要在不同设备上进行适配，使得相同的网页在不同屏幕上显示的效果一致，这就是视口要解决的问题。

视口（Viewport）是虚拟的窗口，是移动前端开发中一个非常重要的概念，最早由 Apple 公司提出，为的是让 iPhone 的小屏幕尽可能完整地显示网页。不管网页原始的分辨率是多大，都能将其缩小显示在手机浏览器上。

在 PC 端，视口指的是浏览器的可视区域，其宽度和浏览器窗口的宽度保持一致。

移动端则较为复杂，它涉及 3 个视口：布局视口（Layout Viewport）、视觉视口（Visual Viewport）和理想视口（Ideal Viewport）。

1. 布局视口

移动端浏览器的通常宽度是 240 ~ 640px，而大多数为 PC 端设计的网站宽度至少为 800px，如果仍以浏览器窗口作为视口的话，网站内容在手机上看起来会非常窄。

移动端浏览器厂商必须保证即使在窄屏幕下网页的页面也可以很好地展示，因此厂商将视口的宽度设计得比屏幕宽度宽出很多。这样在移动端，视口与移动端浏览器的屏幕宽度就不再关联，而是完全独立的，我们称它为布局视口，如图 9-3 所示。在这种情况下，一般通过手动缩放网页来查看网页的内容，手机浏览器默认的布局视口宽度是 980px。

2. 视觉视口

视觉视口是用户当前看到的区域，用户可以通过缩放操作视觉视口，同时不会影响布局视口，布局视口还保持着原来的宽度。图 9-4 中的箭头宽度代表视觉视口。

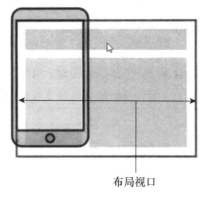

图 9-3　布局视口

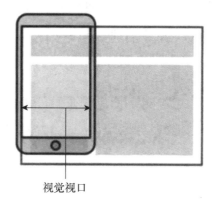

图 9-4　视觉视口

3. 理想视口

布局视口的默认宽度并不是一个理想的宽度，显然用户希望在进入页面时可以不需要缩放就有一个理想的浏览和阅读尺寸。于是 Apple 和其他浏览器厂商引入了理想视口的概念，它对设备而言是最理想的布局视口尺寸。显示在理想视口中的网站具有最理想的宽度，用户无须进行缩放。定义理想视口是浏览器的工作，只要在 HTML 文档中加入如下代码即可：

```
<meta name = "viewport" content = "width = device - width" >
```

该语句通知浏览器布局视口的宽度应该和理想视口的宽度一致，这是响应式设计的基础，即布局视口宽度=视觉视口宽度=设备宽度（=内容宽度）

9.1.3 视口的设置

利用<meta>标签来进行布局视口等于理想视口的设置。语法格式如下：

```
<meta name = "viewport" content = "user - scalable = no, width = device - width,
initial - scale =1.0, maximum - scale =1.0" >
```

表9-1所示是对每个属性的详细说明。

表 9-1 视口属性列表

属性名	取值	描述
width	device-width	定义视口的宽度等于设备的宽度
initial-scale	[0.0 - 10.0]	定义初始缩放值
minimum-scale	[0.0 - 10.0]	定义缩小最小比例，可省略
maximum-scale	[0.0 - 10.0]	定义放大最大比例，可省略
user-scalable	yes/no	定义是否允许用户手动缩放页面，默认值 yes

说明：

- viewport 属性值只对移动端浏览器有效，对 PC 端浏览器是无效的。
- 当缩放比例为 100% 时，CSS 像素宽度=理想视口的宽度=布局视口的宽度。
- 单独设置 initial-scale 或 width 都会有兼容性问题，所以设置布局视口为理想视口的最佳方法是同时设置这两个属性。
- 即使设置了 user-scalable = no，在 Android Chrome 浏览器中也可以强制启用手动缩放。

注：除了第一个属性，其他属性一般取默认值，开发时可以忽略这些属性。所以可以简单设置 <meta name = " viewport" content = " width = device-width" >。

9.1.4 图像自适应

在响应式设计中，图像要随着屏幕的缩放而自动缩放。如何解决这个问题呢？简单的方法就是设置图像的 max-width 属性，代码如下：

```
.img {
    display:inline-block;
    height:auto;
    max-width:100% ;
}
```

把图像 display 属性设置为 inline-block，元素相对于它周围的内容以内联形式呈现，又可以设置宽度和高度。

设置 height 为 auto，相关元素的高度取决于浏览器。

设置 max-width 为 100%，这样就会重写任何通过 width 属性指定的宽度，这能让图像在响应式设计中自适应大小。

而响应式设计中为了让文字自适应大小，一般设置采用 rem 做单位。

 提示： 以上的代码对页面中的视频元素也同样适用，可参考文档 demo9-0. html。

9.2 媒体查询

9.2.1 什么是媒体查询

在 CSS3 规范中，媒体查询可以根据视口宽度、设备方向等差异来改变页面的显示方式，可以对不同的媒体类型定义不同的样式，也可以对不同的屏幕尺寸设置不同的样式。

媒体查询由媒体类型和一个或多个检测媒体特性的条件表达式组成。媒体查询中可用于检测的媒体特性有 width 、height 和 color 等。使用媒体查询，可以在不改变页面内容的情况下为特定的一些输出设备定制显示效果。特别是针对响应式 Web 设计，@ media 是非常有用的。在重置浏览器大小的过程中，页面也会根据浏览器的宽度和高度重新渲染。

9.2.2 媒体查询的使用

媒体查询语句由三部分组成：媒体类型、媒体特征规则和 CSS 规则。

语法格式：

```
@ media media - type and |not |only (media - feature - rule) {
    /* CSS rules */
}
```

说明：

1）媒体类型（media type）。

all——所有设备。

screen ——用于计算机、平板计算机、智能手机屏幕等。

print ——用于打印机和打印预览。

speech——应用于屏幕阅读器等发声设备。

网页设计一般只针对 screen。

2）媒体特征规则（media-feature-rule）。

在指定了类型以后，可以用一条规则指向一种媒体特征，常用的媒体特征有：max- width（最大宽度）、min- width（最小宽度）、max-height（最大高度）、min-height（最小高度）。

3）not、only 和 and 关键字的含义。

not：对整个媒体查询的含义取反。

only：仅在整个查询匹配时才会生效。

and：用于将多个媒体查询组合成一条媒体查询，当每个查询规则都为真时则该条媒体查询为真，还可以将媒体特性与媒体类型或其他媒体特性组合在一起。

它们都是可选的。但是，如果使用 not 或 only，则还必须指定媒体类型。

浏览器支持性：IE9. 0、Chrome21 以上都支持媒体查询语句。

下面介绍媒体查询的几种使用方法。

1. 最大宽度 max- width

"max- width" 是媒体特征中最常用的一个特征，是指媒体类型小于或等于指定的宽度时样式生效。

demo9-1. html：

```
<! DOCTYPE html >
<html >
  <head >
  <meta charset = "UTF -8 " >
  <meta name = "viewport" content = "user - scalable =no, width =device - width,
initial - scale =1.0, maximum - scale =1.0" >
  <title >media -max -width </title >
      <style >
      Html,body{
      font -size: 62.5% ;
      }
      /* 屏幕宽度大于1200px 时,body 的背景色和字体大小 */
      @media only screen and (min -width:1200px ) {
          body{background:#999;
          font -size: 3rem;}
      }
      /* 屏幕宽度小于1200px 时,body 的背景色和字体大小 */
      @media only screen and (max -width: 1200px) {
          body{background:#00f;
          font -size: 2.5rem;}
      }
      /* 屏幕宽度小于992px 时,body 的背景色和字体大小 */
      @media only screen and  (max -width:992px) {
          body{background: #0f0;
          font -size:2rem;
          }
      }
      /* 屏幕宽度小于768px 时,body 的背景色和字体大小 */
      @media only screen and (max -width:768px) {
          body{background: #f00;
          font -size: 1.6rem;
          }
      }
      /* 屏幕宽度小于640px 时,body 的背景色和字体大小 */
      @media only screen and (max -width:640px) {
          body{background:#ff0;
          font -size: 1rem;}
      }
    </style >
    </head >
    <body >
        <p >good morning </p >
    </body >
```

随着屏幕由最大变到最小，背景色由蓝色到绿色再到红色，最后为黄色。字体大小由

3rem 变到 1rem。

2. 最小宽度 min-width

"min-width"与"max-width"相反,指的是媒体类型大于或等于指定宽度时样式生效。将 demo9-1. html 改写成如下的 demo9-2. html:

```
<! DOCTYPE html>
<html>
    <head>
        <meta charset = "UTF-8">
        <meta name = "viewport" content = "width = device-width">
        <title>media-min</title>
    </head>
    <style type = "text/css">
        html{
        font-size:62.5% ;}
/* 屏幕宽度大于320px 时,body 的背景色和字体大小 */
@ media only screen and(min-width:320px){
        body{
            font-size:1rem;
            background:#ff0;
        }
}
/* 屏幕宽度大于640px 时,body 的背景色和字体大小 */
@ media only screen and(min-width:640px){
        body{
            font-size:1.5rem;
            background:#f00;
        }
}
/* 屏幕宽度大于992px 时,body 的背景色和字体大小 */
@ media only screen and(min-width:992px){
        body{
            font-size:2rem;
            background:#0f0;
        }    }
/* 屏幕宽度大于1200px 时,body 的背景色和字体大小 */
@ media only screen and(min-width:1200px){
        body{
            font-size:3rem;
            background:#00f;
        }
    }
}
    </style>
    <body>
    <h2>GOOD MORNING</h2>
    </body>
</html>
```

随着屏幕由小变大，背景色有黄色到红色再到绿色，字体大小由 1rem 变到 3rem。

3. 多个媒体特性的使用

Media Query 可以使用关键词"and"将多个媒体特性结合在一起。也就是说，一个 Media Query 中可以包含零到多个表达式，表达式又可以包含零到多个关键字，以及一种媒体类型。

例如，将 demo9-2. html 改成如下的 demo9-3. html：

```html
<! DOCTYPE html >
<html >
    <head >
        <meta charset = "UTF-8" >
        <title >media-min-max</title >
        <style >
        html{
            font-size:62.5% ;
        }
        /*屏幕宽度大于320px 小于640px 时,body 的背景色和字体大小*/
        @media only screen and(min-width:320px)and(max-width:640px){
            body{background:#ff0;
            font-size:1rem;
            }
        }
        /*屏幕宽度大于640px 小于992px 时,body 的背景色和字体大小*/
        @media only screen and(min-width:640px)and(max-width:992px){
            body{background:#0f0;
            font-size:1.5rem;}
            }
        /*屏幕宽度大于992px 小于1200px 时,body 的背景色和字体大小*/
        @media only screen and(min-width:992px)and(max-width:1200px){
            body{background:#00f;
            font-size:2rem;
            }
        }
        /*屏幕宽度大于1200px 时,body 的背景色和字体大小*/
        @media only screen and(min-width:1200px){
            body{background:#999;
            font-size:3rem;
            }
        }
    </style >
    </head >
    <body >
        <p >good morning</p >
    </body >
</html >
```

9.2.3 汉堡菜单

随着移动平台浏览量的增长越来越快，网站为了增强移动平台的浏览体验，大部分响应式网页都喜欢采用汉堡菜单这种形式来展示网站的导航。

例如，在 PC 端看到的导航条效果如图 9-5 所示。

首页　　茶艺　　茶道　　茶器　　茶韵

图 9-5　PC 端导航条效果

在移动端看到的导航条效果如图 9-6 所示。

图 9-6　移动端导航条效果

下面我们来学习汉堡菜单的制作。

1. 搭建 HTML 文档结构

demo9-4：

```
<body>
<header class = 'header'>
  <nav class = 'nav'>
    <input type = "checkbox"  id = "togglebox"/>
    <ul>
      <li><a href = "#">首页</a></li>
      <li><a href = "#">茶艺</a></li>
      <li><a href = "#">茶道</a></li>
      <li><a href = "#">茶器</a></li>
      <li><a href = "#">茶韵</a></li>
    </ul>
  <label for = "togglebox" class = "menu">
    <img src = "images/menu.png" alt = "" />
  </label>
  </nav>
</header>
</body>
```

汉堡菜单的按钮是利用复选框控件来实现的，这里利用一个 label 标记和 input 绑定，并给该 label 取类名为 menu。

2. 设置公共样式

```
*{
    margin: 0px;
    padding: 0px;
    border: none;
}
ul,li{
list - style: none;
    }
a{
```

```
color: #000;
text-decoration: none;
    }
```

3. 设置导航条的样式

```
header{
    width:100% ;
    padding:25px 10px;
    background-color: #006600;
    position: relative;
        }
.nav ul{
    margin-left:2% ;
    }
/*移动端不再用 float 属性,而是设置 display 为 inline-block */
.nav ul li{
    display: inline-block;
    }
.nav  li a{
    color: #fff;
    padding: 0 20px;
    text-align: center;
    }
.nav ul li a:hover {
    color: orange;
    text-decoration: underline;
        }
/* 复选框不显示 */
#togglebox{
    display:none;
    }
/* 汉堡图标绝对定位到复选框的位置,并隐藏 */
.menu{
    position: absolute;
    left:2% ;
    top:10px;
    display: none;
    }
}
```

把父元素设置为相对定位，汉堡图标绝对定位到复选框的位置，并隐藏。元素的水平排列不再通过 float，而是用 display 的 inline-block 实现。

4. 设置媒体查询语句

```
@ media only screen and (max-width:640px){
/*宽度小于640px,ul 隐藏 */
    .header ul {
    display: none;
    }
/* 汉堡图标显示 */
```

```
        .menu {
            display:inline-block;
            cursor:pointer;
            }
/* 选择汉堡图标时,input 紧邻 ul 显示,这里要注意选择器的书写 */
    #togglebox:checked + ul {
        display:block;
        }
    .nav ul li {
        display:block;
        width:100%;
        text-align:center;
        padding:5px 0;
        }
    }
```

9.3 弹性布局

在传统的布局方式中，block 布局是把块在垂直方向从上到下依次排列的；而 inline 布局则是在水平方向来排列。CSS3 提供了一种新的布局属性 flex，利用它可以轻松的创建响应式网页布局，为盒状模型增加灵活性。

引入弹性布局的目的是提供一种更加有效的方式来对一个容器中的项目进行排列、对齐和分配空白空间。即便容器中项目的尺寸未知或是动态变化的，弹性布局也能正常工作。在该布局模型中，容器会根据布局的需要，调整其中项目的尺寸和顺序来填充可用的空间。当容器的尺寸发生变化时，其中包含的项目也会被动态地调整。比如当容器尺寸变大时，其中包含的项目会被拉伸以占满多余的空白空间；当容器尺寸变小时，项目会被缩小以防止超出容器的范围。Chrome 29、Safari9.0 浏览器以上都支持 flex。

9.3.1 什么是弹性布局

把一个 HTML 元素的 display 属性设置为 flex 或 inline-flex，它就变成了一个弹性容器，这个元素的所有直系子元素将成为弹性元素，也称项目。弹性布局由弹性容器（Flex Container）、弹性子元素（Flex Item）和轴 3 部分组成，如图 9-7 所示。

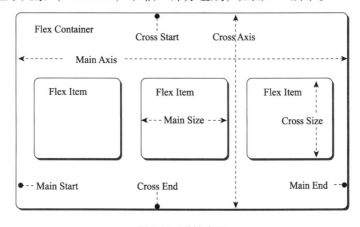

图 9-7 弹性布局

说明：

◇ 主轴（Main Axis）：容器的水平轴（x 轴）。

◇ 交叉轴（Cross Axis）：容器的垂直轴（y 轴）。

◇ Main Start：x 轴的开始位置，即与边框的交叉点。

◇ Main End：x 轴的结束位置。

◇ Cross Start：y 轴的开始位置。

◇ Cross End：y 轴的结束位置。

◇ Main Size：单个项目占据的 x 轴空间尺寸（项目默认沿主轴排列）。

◇ Cross Size：单个项目占据的 y 轴空间尺寸。

9.3.2　弹性容器

1）flex-direction：设置容器内元素的排列方向。

语法格式：

```
flex-direction: row | row-reverse | column | column-reverse
```

说明：

row：弹性盒子内的元素按 x 轴方向顺序排列，默认值。

row-reverse：弹性盒子内的元素按 x 轴方向逆序排列。

column：弹性盒子内的元素按 y 轴方向顺序排列。

column-reverse：弹性盒子内的元素按 y 轴方向逆序排列。

demo9-5.html：

```
<!DOCTYPE html>
<html lang="en">
<head>
<meta charset="UTF-8">
<title>弹性布局</title>
</head>
<style type="text/css">
.container{
display:flex;
flex-direction:row;
width:300px;
height:150px;
background-color:lightgrey;
  }
.item1,.item2,.item3{
background-color:yellow;
width:100px;
height:100px;
margin:10px;
}
</style>
<body>
<div class="container">
```

```
< div class = "item1" > item 1 < / div >
< div class = "item2" > item 2 < / div >
< div class = "item3" > item 3 < / div >
< / div >
< / body >
< / html >
```

效果如图 9-8 所示。

打开 Chrome 浏览器的开发者工具，查看 item1 的盒子模型，如图 9-9 所示。从图中可以看出，item1 的宽度自动调整为 80px。也就是说虽然定义了三个子盒子的宽度和高度，但总的宽度或高度超出范围时，弹性容器会自动重新计算子盒子的宽度和高度。

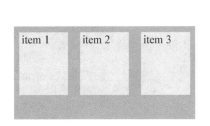

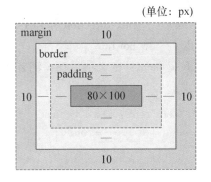

图 9-8 row 效果图 　　　　图 9-9 item1 的盒模型

把代码中的 flex-direction：row；分别取值为 row-reverse、column、column-reverse，则效果如图 9-10 所示。

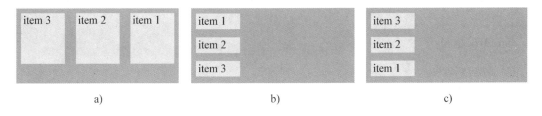

图 9-10 不同取值的效果

a）row-reverse b）column c）column-reverse

读者可自行观察在 Chrome 浏览器中子元素的宽度和高度的变化。

2）flex-wrap：用于设置弹性盒子的子元素换行方式。

语法格式：

```
flex-wrap: nowrap | wrap | wrap-reverse
```

说明：

◇ nowrap（default）：不换行，默认值。

◇ wrap：换行，第一行在上方。

◇ wrap-reverse：换行，反转排列。

由于 flex-wrap 的默认值为 nowrap，把弹性容器的该属性设置为 wrap，demo9-5. html 中的部分代码改为：

```
.container{
flex-direction:row;
flex-wrap:wrap;
width:300px;
height:150px;
background-color:lightgrey;
      }
```

则效果如图 9-11 所示。

第 3 个子元素换行显示，但溢出了。每个子元素的宽度和高度都设置为 100px。

3）flex-flow：是 flex-direction 和 flex-wrap 的简写形式。默认为"flex-flow：row nowrap"。

4）justify-content：定义项目在 x 轴方向上的对齐方式。

语法格式：

```
justify-content: flex-start | flex-end | center |
space-between | space-around;
```

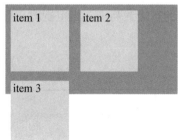

图 9-11   **wrap** 效果图

说明：

◇ flex-start（default）：左对齐。

◇ flex-end：右对齐。

◇ center：居中。

◇ space-between：两端对齐，项目之间的间隔相等。

◇ space-around：每个项目两侧的间隔相等，那么项目之间的间隔是项目与边框的间隔的两倍。

demo9-6. html：

```
<! DOCTYPE html >
<html lang="en">
<head>
<meta charset="UTF-8">
<title>弹性布局---x轴元素对齐方式</title>
</head>
<style type="text/css">
.container{
display:flex;
flex-flow:row nowrap;
justify-content:flex-start;
width:500px;
height:150px;
background-color:lightgrey;
}
.item1,.item2,.item3{
background-color: yellow;
```

```
width:100px;
height:100px;
margin:10px;
}
</style>
<body>
<div class="container">
<div class="item1">item 1</div>
<div class="item2">item 2</div>
<div class="item3">item 3</div>
</div>
</body>
</html>
```

分别把父容器的 justify-content 设置为 flex-start、flex-end、center、space-between、space-around，效果如图 9-12 ～ 图 9-16 所示。

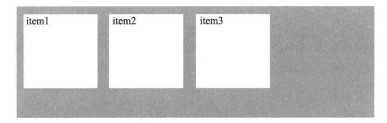

图 9-12　flex-start 效果图

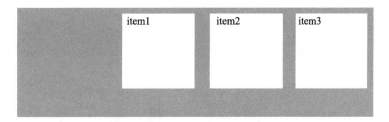

图 9-13　flex-end 效果图

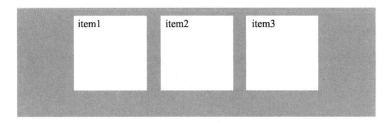

图 9-14　center 效果图

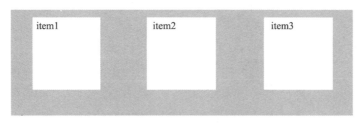

图 9-15 space-between 效果图

图 9-16 space-around 效果图

5）align-items：定义项目在 y 轴方向上的对齐方式。

语法格式：

```
align-items：flex-start |flex-end |center |baseline |stretch;
```

说明：

◇ flex-start：上对齐。

◇ flex-end：下对齐。

◇ center：垂直居中对齐。

◇ baseline：项目的第一行文字的基线（baseline）对齐。

◇ stretch（default）：如果项目未设置高度或高度为 auto，则将占满整个容器的高度。

修改 demo9-6. html 的代码，把子元素的高度 "height: 100px;" 改为 "height：auto;"，在父容器中添加 align-items 属性，分别取值为 flex-start、flex-end、center、baseline、stretch，则效果如图 9-17 ~ 图 9-21 所示。

图 9-17 flex-start 效果图

图 9-18 flex-end 效果图

图 9-19 center 效果图

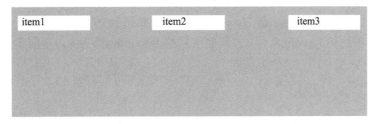

图 9-20 baseline 效果图

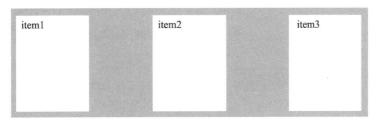

图 9-21 stretch 效果图

6）align-content：定义多行主轴的对齐方式。如果项目只有一行主轴，则该属性不起作用。
语法格式：

```
align-content: flex-start | flex-end | center | space-between | space-around
| stretch;
```

说明：

◇ flex-start：与交叉轴的起点对齐。

◇ flex-end：与交叉轴的终点对齐。

◇ center：与交叉轴的中点对齐。

◇ space-between：与交叉轴两端对齐，轴线之间的间隔平均分布。

◇ space-around：每根轴线两侧的间隔都相等。所以，轴线之间的间隔比轴线与边框的间隔大一倍。

◇ stretch（default）：轴线占满整个交叉轴。

9.3.3 弹性元素

1）order：定义项目的排列顺序。数值越小，排列越靠前，默认值为 0，可以为负数。
语法如下：

```
.item {
order: <integer>;
}
```

order 属性值相等的项目按照书写顺序排列。

2）flex-grow：当存在剩余空间的时候，定义项目的放大倍数，不能为负。

语法如下：

```
.item{
flex-grow:<number>;
}
```

◇ 放大倍数默认值为 0，即使容器存在剩余空间，项目也不放大。

◇ 如果所有项目的 flex-grow 都为 1，则它们将等分剩余空间。

◇ 如果一个项目的 flex-grow 为 2，其他项目的 flex-grow 都为 1，则前者占据的剩余空间是后者的两倍。

demo9-7.html：

```
<!DOCTYPE html>
<html lang="en">
<head>
<meta charset="UTF-8">
<title>弹性元素</title>
</head>
<style type="text/css">
.container{
display:flex;
flex-flow:row nowrap;
width:100%;
height:150px;
background-color:lightgrey;
  }
.item1,.item2,.item3{
background-color:yellow;
margin:10px;
}
/*第1个子元素排列在最后,宽度占3份*/
.item1{
  order:3;
  flex-grow:3;
}
/*第2个子元素排列在中间,宽度占2份*/
.item2{
  order:2;
  flex-grow:2;
}
/*第3个子元素排列在最前,宽度占1份*/
.item3{
  order:1;
  flex-grow:1;
}
```

```
</style>
<body>
<div class = "container">
<div class = "item1">item 1</div>
<div class = "item2">item 2</div>
<div class = "item3">item 3</div>
</div>
</body>
</html>
```

效果如图 9-22 所示。

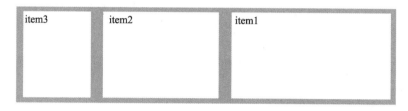

图 9-22 order 和 flex-grow 属性效果图

从图 9-22 中可以看出，外围的 div 宽度为 100%，3 个子盒子分别占据 1、2、3 份，并随着窗口的改变而改变，但占比不变。

3）flex-shrink：当所有项目的默认宽度之和大于容器时，定义项目的缩小比例，不能为负。

语法如下：

```
.item {
flex-shrink: <number>;
}
```

◇ 默认值为 1，即如果空间不足，项目将缩小。

◇ 如果所有项目的 flex-shrink 都为 1，则当空间不足时它们都将等比例缩小。

◇ 如果一个项目的 flex-shrink 为 0，其他项目的 flex-shrink 都为 1，则当空间不足时前者不缩小，后者缩小。

demo9-8. html：

```
<! DOCTYPE html>
<html lang = "en">
<head>
<meta charset = "UTF-8">
<title>弹性盒元素属性</title>
</head>
<style type = "text/css">
.container{
display:flex;
flex-flow:row nowrap;
width:300px;
```

```
height:150px;
background-color:lightgrey;
    }
.item1,.item2,.item3{
background-color:yellow;
width:100px;
margin:10px;
}
/*第1个子元素不缩放*/
.item1{
    flex-shrink:0;
}
/*第2个子元素的缩放比例为1*/
.item2{
    flex-shrink:1;
}
/*第3个子元素的缩放比例为2*/
.item3{
    flex-shrink:2;
}
</style>
<body>
<div class="container">
<div class="item1">item 1</div>
<div class="item2">item 2</div>
<div class="item3">item 3</div>
</div>
</body>
</html>
```

效果如图9-23所示。

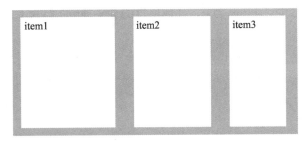

图9-23　flex-shrink效果图

3个子盒子的宽度加上外边距超过了父盒子的宽度300px，则3个子盒子按比例缩放。

4）flex-basis：定义了项目在主轴方向的初始大小。如果不使用box-sizing来改变盒模型，那么这个属性就决定了flex元素的内容盒（content-box）的宽或者高（取决于主轴的方向）的尺寸大小。浏览器会根据这个属性计算主轴是否有多余空间。

语法如下：

```
.item {
flex-basis: <length> |auto;
}
```

◇ length：可以设置为跟 width 或 height 属性一样的值（如 200px），则项目将占据固定空间。

◇ auto：默认值，项目的本来大小。

5）flex：是 flex-grow、flex-shrink 和 flex-basis 的简写，默认值为 0、1、auto。flex-shrink 和 flex-basis 属性可选。

语法如下：

```
.item {
flex: none |[ <'flex-grow'> <'flex-shrink'>? || <'flex-basis'> ]
}
```

◇ 该属性有两个快捷值：auto（1、1、auto）和 none（0、0、auto）。

◇ 建议优先使用 flex 属性，而不是单独写 3 个分离的属性，因为浏览器会推算相关值。

6）align-self：允许单个项目有与其他项目不一样的对齐方式，可覆盖 align-items 属性，默认值为 auto。

语法如下：

```
.item {
align-self: auto |flex-start |flex-end |center |baseline |stretch;
}
```

◇ auto（默认值）：与父元素的 align-items 一致，如果没有父元素，则等同于 stretch。

◇ flex-start | flex-end | center | baseline | stretch：与 align-items 属性完全一致。

例如在 demo9-8.html 中把 item2 的样式修改为：

```
.item2 {
    flex-shrink: 1;
    align-self: flex-end;
}
```

则效果如图 9-24 所示。

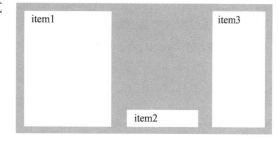

图 9-24　**align-self** 效果图

提示：1）弹性容器的每一个子元素变为一个弹性子元素，弹性容器直接包含的文本变为匿名的弹性子元素。

2）CSS3 中的多列布局中的 column-* 属性对弹性子元素无效。

3）CSS3 中的 float 和 clear 对弹性子元素无效。使用 float 会导致 display 属性计算为 block.。

4）vertical-align 属性对弹性子元素的对齐无效。

利用 flex 布局，结合媒体查询语句，可以很方便地实现从 4 列变化为 2 列，再变化成 1 列的布局形式，详见案例 flex. html。

```html
<!DOCTYPE html>
<html>
    <head>
        <meta charset="utf-8">
        <meta name="viewport" content="width=device-width">
        <title>flex 布局</title>
        <style>
            *{
                box-sizing: border-box;
            }
            .row{
                width: 100%;
                display: flex;
                flex: row nowrap;
            }
            .row>div{
                border: 2px dashed blue;
                flex-grow: 1;
            }
/* 分辨率小于768px,由4列调整为2列 */
            @media(max-width:768px){
                .row{
                    flex-wrap: wrap;
                }
                .item1,.item2,.item3,.item4{
                    width: 50%;
                }
            }
/* 分辨率小于640px,由2列调整为1列 */
            @media(max-width:640px){
                .row{
                    flex-wrap: wrap;
                }
                .item1,.item2,.item3,.item4{
                    width: 100%;
                }
            }
        </style>
    </head>
    <body>
        <div class="row">
        <div class="item1">
            <h3>hello</h3>
            <p>flex1</p>
        </div>
```

```
        < div class = "item2" >
            < h3 > hello < /h3 >
            < p > flex2 < /p >
        < /div >
        < div class = "item3" >
            < h3 > hello < /h3 >
            < p > flex3 < /p >
        < /div >
        < div class = "item4" >
            < h3 > hello < /h3 >
            < p > flex4 < /p >
        < /div >
    < /div >
  < /body >
< /html >
```

读者可以调整浏览器窗口的宽度，查看布局的变化。

9.4 网格布局

9.4.1 什么是网格布局

网格布局是一种新型的二维布局模型，它将容器划分成了"行"和"列"，由行和列组成单元格，然后将元素放在单元格里，从而达到了布局的目的。

当一个 HTML 元素将 display 属性设置为 grid 或 inline – grid 后，它就变成了一个网格容器，这个元素的所有直系子元素将成为网格元素，也称项目。

容器内划分网格的线称为网格线（grid line），水平网格线称为行（row），垂直网格线称为列（column）。正常情况下，n 行有 n + 1 根水平网格线，m 列有 m + 1 根垂直网格线。如图 9-25 所示是一个 4 × 4 的网格，共有 5 根水平网格线和 5 根垂直网格线。

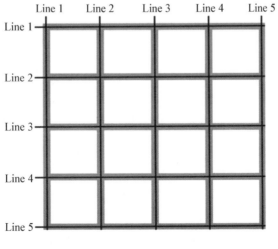

图 9-25 网格线

行和列的交叉区域称为单元格（cell）。正常情况下，n 行 m 列会产生 n × m 个单元格，项目放在单元格中。

接下来从网格的容器和网格元素两个方面来介绍网格布局

9.4.2 网格的容器

（1）grid－template－columns 属性　定义网格容器的列数和每列的宽度，值以空格分隔，可以是固定值、百分比、关键字或者函数。

1）固定列宽，每列的宽度固定，代码如下。

demo9-9.html：

```
<! DOCTYPE html >
<html >
    <head >
        <meta charset = "utf -8" >
        <title >demo </title >
        <style >
            .wrapper {
                display:grid;
                grid -template -columns:100px 200px 300px;
            }
            .wrapper >div {
                border:1px solid orange;
            }
        </style >
    </head >
    <body >
        <div class = "wrapper" >
            <div class = "one" >One </div >
            <div class = "two" >Two </div >
            <div class = "three" >Three </div >
            <div class = "four" >Four </div >
            <div class = "five" >Five </div >
            <div class = "six" >Six </div >
        </div >
    </body >
</html >
```

grid-template-columns：100px 200px 300px；把容器分为 3 列，每列的宽度分别为 100px、200px、300px，不管是放大还是缩小窗口，每列的宽度不变。效果如图 9-26 所示。

One	Two	Three
Four	Five	Six

图 9-26　固定列宽

2）百分比列宽。把上述代码修改如下，改变窗口查看效果。

```
.wrapper {
    display:grid;
    grid -template -columns:20% 30% 50% ;
}
```

grid-template-columns：20%　30%　50%；把容器分为 3 列，每列的宽度分别为 20%、30%、50%，放大或者缩小窗口，列宽随着调整。效果如图 9-27 所示。

One	Two	Three
Four	Five	Six

图 9-27　百分比列宽

3）关键字 auto：渲染引擎会自动根据浏览器窗口计算每列的宽度，修改 demo9-9.html 代码：grid-template-columns：auto auto auto；容器平均等分为 3 列，每列的宽度随窗口调整。

```
.wrapper {
        display:grid;
        grid-template-columns:auto auto auto;
        }
```

4）关键字 fr：网格布局引入的新长度单位，1fr 代表网格容器中可用空间的 1 等份。把上述代码修改如下：

```
.wrapper {
        display:grid;
        grid-template-columns:1fr 2fr 1fr;
        }
```

效果如图 9-28 所示。

One	Two	Three
Four	Five	Six

图 9-28　关键字 fr

grid-template-columns：1fr 2fr 1fr；把容器均分为 4 等份，第 1、3 列各占 1 等份，第 2 列占 2 等份。

5）关键字 auto-fill：自动填充，适用于列宽固定，而屏幕宽度不固定的情况。把上述代码修改如下：

```
.wrapper {
        display:grid;
        grid-template-columns:repeat(auto-fill,200px);
        }
```

grid-template-columns：repeat（auto-fill，200px）；每列宽度固定为 200px，列数随窗口的大小自动调整，效果如图 9-29 所示。

One	Two	Three	Four
Five	Six		

图 9-29　关键字 auto-fill

6）函数 repeat（n，参数）：n 表示要重复的次数，第 2 个参数表示要重复的值或某种模式。修改代码如下：

```
.wrapper{
        display:grid;
        grid-template-columns:auto  repeat(3,200px);
        }
```

grid-template-columns：auto　repeat（3，200px）；把容器均分为4列，第1列自动，第2～4列宽为200px，效果如图9-30所示。

One	Two	Three	Four
Five	Six		

图9-30　函数 repeat（n，参数）

还可以是某种模式，修改代码如下：

```
.wrapper{
        display:grid;
        grid-template-columns:repeat(2,100px 200px 300px);
        }
```

容器被分为6列，第1列宽为100px. 第2列宽为200px，第3列宽为300px，重复两次，效果如图9-31所示。

One	Two	Three	Four	Five	Six

图9-31　repeat 模式

7）函数 minmax（值1，值2）：定义列宽不小于值1，不大于值2。修改代码如下：

```
.wrapper{
        display:grid;
        grid-template-columns:1fr 2fr minmax(200px,1fr);
        }
```

grid-template-columns：1fr 2fr minmax（200px，1fr）；容器被分为3列，第1列占1等份，第2列占2等份，第3列随窗口缩小时列宽不小于200px，随着窗口的扩大列宽也不大于1fr，读者可以通过改变浏览器宽度来观察其中的变化。

（2）grid-template-rows 属性　设置网格的每一行的行高，单位一般为像素。修改代码如下：

```
.wrapper{
        display:grid;
        grid-template-columns:1fr 2fr 1fr;
        grid-template-rows:50px  100px;
}
```

grid-template-rows：50px　100px；把第1行行高设置为50px，第2行行高设置为100px，效果如图9-32所示。

（3）设置网格线间隔的属性

grid-row-gap：设置行与行的间隔，属性值一般为像素。

One	Two	Three
Four	Five	Six

图 9-32   **grid-template-rows 属性**

grid-column-gap：设置列与列的间隔，属性值一般为像素。

grid-gap：是 grid-column-gap 和 grid-row-gap 的合并简写形式。

语法格式：

grid‐gap：＜grid‐row‐gap＞ ＜grid‐column‐gap＞；

修改上述代码如下：

```
.wrapper {
        display:grid;
        grid‐template‐columns:1fr 2fr 1fr;
        grid‐template‐rows:50px 100px;
        grid‐column‐gap:20px;
        grid‐row‐gap:10px;
        /* grid‐gap:10px 20px; */
}
```

列与列间隔设为20px，行与行间隔为10px，效果如图9-33所示。

图 9-33   **grid-gap 属性**

（4）justify-items 属性 设置项目在容器内的对齐方式，如何顺着主轴分配项目之间的空间。取值和用法同弹性盒子中的 justify-items。

（5）align-items 属性 设置垂直方向上的网格元素在容器中的对齐方式，取值和用法类似弹性盒子中的 align-items。

9.4.3 网格元素

网格容器包含了一个或多个网格元素。默认情况下，网格容器的每一列和每一行都有一个网格元素，但也可以设置网格元素跨越多个列或行。

1. grid-column 属性

grid-column 属性定义了网格元素列的开始和结束位置。

grid-column-start 属性定义网格元素开始的列线。

grid-column-end 属性定义网格元素结束的列线。

grid-column 属性是以上两个属性的简写，可以用列号来设置，也可以使用关键字"span"来定义元素将跨越的列数。例如：

.one ｛grid-column：1/5；｝，设置元素 one 从第 1 根列线开始到第 5 根列线结束。

.two ｛grid-column：2/span 3；｝，设置元素 two 从第 2 列开始横跨 3 列结束。

demo9-10.html：

```
<!DOCTYPE html>
<html>
    <head>
        <meta charset="utf-8">
        <title>网格元素</title>
        <style>
            .wrapper{
                display:grid;
                grid-template-columns:auto auto auto auto;
                grid-gap:10px;
                padding:10px;
                }
            .wrapper>div{
                background-color:lightblue;
                text-align:center;
                padding:20px 0;
            }
            .one{
                grid-column:1/5;
            }
          .two{
                grid-column:2/span 3;
            }
        </style>
    </head>
    <body>
        <div class="wrapper">
            <div class="one">One</div>
            <div class="two">Two</div>
            <div class="three">Three</div>
            <div class="four">Four</div>
            <div class="five">Five</div>
            <div class="six">Six</div>
            <div class="seven">seven</div>
            <div class="eight">eight</div>
        </div>
    </body>
</html>
```

效果如图 9-34 所示。

2. grid-row 属性

grid-row 属性定义了网格元素行的开始和结束位置。

grid-row-start 属性：网格元素开始的行线。

One
Two
Three
Four
Five
Six
seven
eight

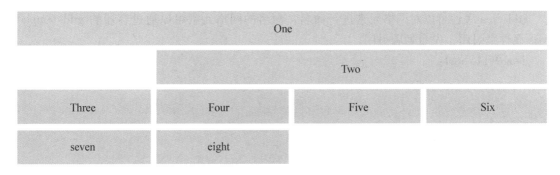

图 9-34　grid-column 属性

grid-row-end 属性：网格元素结束的行线。

grid-row 属性是以上两个属性的简写。

可以用行号来设置网格元素，也可以使用关键字“span”来定义元素将跨越的行数。

例如，修改 demo9-10. html 中的代码如下：

.one{grid-row:1/3;}，设置元素 one 从第 1 根行线开始到第 3 根行线结束。

.two{grid-row:1/span 3;}，设置元素 two 从第 1 行开始横跨 3 行结束。

效果如图 9-35 所示。

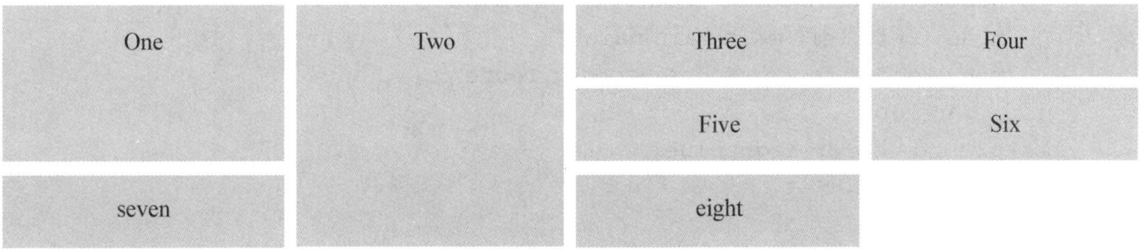

One
Two
Three
Four
Five
Six
seven
eight

图 9-35　grid-row 属性

3. grid-area 属性

grid-area 属性是 grid-row-start，grid-column-start，grid-row-end 及 grid-column-end 属性的简写。例如，修改 demo9-10. html 中的代码如下：

.one{ grid-area:1/1/4/2;}，设置元素 one 从第 1 根行线和第 1 根列线开始，到第 4 根行线和第 2 根列线结束。

.two{grid-area:1/4/span 4/span 2;}，设置元素 two 从第 1 行开始跨越 4 行，从第 4 列开始跨越 2 列。

效果如图 9-36 所示。

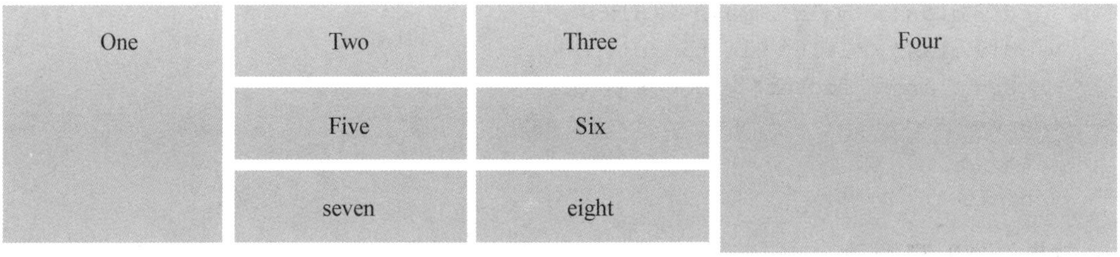

One
Two
Three
Four
Five
Six
seven
eight

图 9-36　grid-area 属性

grid-area 属性可以对网格元素进行命名，命名的网格元素可以通过容器的 grid-template-areas 属性来引用，先命名后引用。

demo9-11.html：

```html
<!DOCTYPE html>
<html>
<head>
<meta charset="utf-8">
<title>grid-area(runoob.com)</title>
<style>
    /* 命名 */
.header { grid-area:header;}
.menu { grid-area:menu;}
.main { grid-area:main;}
.left { grid-area:left;}
.footer { grid-area:footer;}
.container {
   display:grid;
   /* 引用 */
   grid-template-areas:
       'header header header header header header'
       'menu   left left main main main'
       'menu footer footer footer footer footer';
   grid-gap:10px;
   background-color:lightblue;
   padding:10px;
}
.container > div {
   background-color:white;
   text-align:center;
   padding:20px 0;
   font-size:30px;
}
</style>
</head>
<body>
<div class="container">
   <div class="header">header</div>
   <div class="menu">menu</div>
   <div class="main">main</div>
   <div class="left">left</div>
   <div class="footer">footer</div>
</div>
</body>
</html>
```

效果如图 9-37 所示。

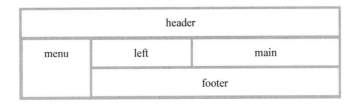

图 9-37 网格命名

我们还可以对上述案例添加媒体查询，当窗口宽度小于640px时，变为一列布局，代码如下：

```
@ media(max-width:640px){
.container{
grid-template-areas:
    'header'
    'menu'
    'left'
    'main'
    'footer';
    grid-gap:10px;
    background-color:lightblue;
    padding:10px;
}
}
```

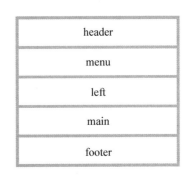

图 9-38 窗口宽度小于
640px 的效果

效果如图 9-38 所示。

9.4.4 网格布局与弹性布局

CSS 网格布局和弹性布局的主要区别在于 CSS 弹性布局是一维布局，而网格布局是二维布局。

弹性布局从内容出发，内容的大小决定每个元素占据多少空间。如果元素换到了新的一行，它们会根据新行的可用空间计算它们自己的大小。

网格布局则从布局入手，当使用 CSS 网格布局时，是先创建网格，然后再把元素放入网格中，或者按自动放置规则把元素按照网格排列。

demo9-12. html：

```
<!DOCTYPE html>
<html>
    <head>
        <meta charset="utf-8">
        <title>grid 与 flex</title>
        <style>
            .wrapper{
                width:500px;
                display:flex;
                flex-wrap:wrap;
```

```
                }
                .wrapper > div {
                    flex:1 1 150px;
                    border:1px solid orange;
                }
        </style>
    </head>
    <body>
        <div class = "wrapper">
            <div>One</div>
            <div>Two</div>
            <div>Three</div>
            <div>Four</div>
            <div>Five</div>
        </div>
    </body>
</html>
```

效果如图9-39 所示。

One	Two	Three
Four		Five

图 9-39　设置为 flex 的效果图

从图中可以看到，有两个元素被换到了新行，这两个元素平分这行的可用空间，并没有与上一行的元素对齐。当弹性元素被设置为可以换行时，每个新行都变成了一个新的弹性容器，空间分布只在行内进行。

把容器设置为grid，修改上述代码如下：

```
.wrapper {
        display:grid;
        grid-template-columns:repeat(3,1fr);
    }
```

效果如图9-40 所示。

One	Two	Three
Four	Five	

图 9-40　设置为 grid 的效果图

从图中可以看到，Four、Five 这两个元素被排列在第 2 行，与 One、Two 这两个元素对齐。

从上述案例可知，弹性布局只能按行或列进行一维布局，适用于从内容出发的布局；网格布局能按行和列进行二维布局，适用于从布局出发，实际工作中可以两者结合使用，整体布局用网格，局部用弹性。

9.5 响应式案例

利用前面所学的知识点，来实现一个响应式页面案例。

9.5.1 案例分析

页面的主题是茶文化，设置了 4 个栏目，在 PC 端效果如图 9-41 所示。

图 9-41 PC 端效果

将浏览器窗口缩小到移动设备大小，页面效果如图 9-42 所示。

这里用到的技术主要有汉堡菜单、弹性盒布局、媒体查询等。页面布局结构如图 9-43 所示。

案例技术分析：

1）. header 类为导航，设置媒体查询在浏览器窗口小于等于 640px，变为汉堡菜单。

2）. banner 类为广告区域，放置广告背景图和广告信息等，在浏览器窗口小于等于 640px 时，改变广告信息区域大小和字体大小、边距等，以适应屏幕的宽度。

图 9-42 移动端效果

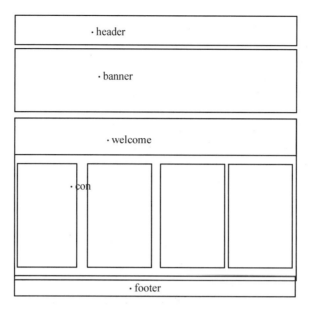

图 9-43　页面布局结构

3）.welcome 类为店铺欢迎语。

4）.con 类为内容区域，设置为弹性容器，其中有 4 个 div，为弹性元素，在 PC 端按横轴方向顺序排序，使用媒体查询，在浏览器窗口小于等于 768px 时，变成 2 列排列，小于等于 640px 时，变成 1 列排列。

5）.footer 类为页脚。

9.5.2　HTML 文档结构

对页面结构进行分析后，接下来编写代码，先搭建好如下的 HTML 文档。

demo9-13.html：

```
<!DOCTYPE html>
<html>
    <head>
        <meta charset="UTF-8">
        <title>响应式网页---flex布局</title>
    </head>
    <body>
        <!--汉堡菜单-->
        <header class="header">
            <nav>
                <input type="checkbox" id="togglebox" />
                <ul>
                    <li><a href="index.html">首页</a></li>
                    <li><a href="#">茶道</a></li>
                    <li><a href="#">茶艺</a></li>
                    <li><a href="#">茶韵</a></li>
                </ul>
                <label for="togglebox" class="menu">
                    <img src="img/menu.png" alt="汉堡图标" />
```

```
            </label>
        </nav>
    </header>
    <!--广告banner-->
    <div class="banner">
        <div class="banner-info">
        <h3>好茶常有淡淡的苦味,苦味中总是透着较深的清香</h3>
        <p>人生常常如美中含苦,难以有十全十美之事,十之八九不如意,能有一二如意事,
便也足矣,不如意便是生活的苦味。</p>
            <a href="#" class="button">了解更多</a>
            </div>
    </div>
    <!--welcome-->
    <div class="welcome">
                    <h2>Welcome</h2>
                    <hr class="line">
                    <span>来到茶语小铺</span>
    </div>
    <!--主体内容-->
<div class="con">
    <div>
        <div>
            <div class="box-item">
                <img src="img/西湖龙井.jpg" alt="">
                <p>西湖龙井是中国十大名茶之一,属绿茶,产于浙江省杭州市西湖龙井村
周围群山,并因此得名,特级西湖龙井茶扁平光滑挺直,色泽嫩绿光润,香气鲜嫩清高,滋味鲜爽甘醇,叶底
细嫩呈朵。</p>
                <a href="#"class="button1">Detail</a>
            </div>
        </div>
            <div class="box-item">
                <img src="img/碧螺春.jpg" alt="">
                <p>碧螺春是中国传统名茶,中国十大名茶之一,属于绿茶,已有1000多年历
史,炒成后的干茶条索紧结,白毫显露,色泽银绿,翠碧诱人,卷曲成螺,产于春季,故名"碧螺春"。</p>
                <a href="#" class="button1">Detail</a>
            </div>
    </div>
    </div>
            <div class="box-item">
            <img src="img/君山银针.jpg" alt="">
            <p>君山银针是中国名茶之一,属于黄茶,成品茶芽头茁壮,长短大小均匀,茶芽内面
呈金黄色,外层白毫显露完整,而且包裹坚实,茶芽外形很像一根根银针,雅称"金镶玉"。</p>
            <a href="#" class="button1">Detail</a>
            </div>
    </div>
    <div>
        <div class="box-item">
        <img src="img/黄山毛峰.jpg" alt="">
```

```
            <p>武夷岩茶是中国传统名茶,是具有岩韵(岩骨花香)品质特征的乌龙茶,武夷岩茶
的形态特征:叶端扭曲,似蜻蜓头,色泽铁青带褐油润,内质活、甘、清、香,有明显的岩骨花香。</p>
            <a href = "#" class = "button1">Detail</a>
            </div>
        </div>
    </div>
        <footer class = "footer">&copy;版权所有——中华茶文化公司</footer>
    </body>
</html>
```

9.5.3 CSS 样式

接下来编写样式文件,先写公共部分样式 public. css。

1. 公共样式

```
*{
    margin:0;
    padding:0;
    }
ul,li{
    list-style-type:none;
    }
html,body{
        width:100%;
        height:100%;
        font-size:62.5%;
        background:#fff;
        font-family:'Roboto Slab',serif;
    }
a{
        text-decoration:none;
        color:#000000;
        transition:0.5s all;
    }
img{
        max-width:100%;
        height:auto;
        }
input{
    outline:one;
        }
```

在公共样式中,在 HTML 标签中设置了文字的大小,图像的自适应,取消链接、列表等
默认样式。

2. 汉堡菜单样式 hanb. css

```
.header{
    background:#159400;
    padding:30px 15px;
```

```
        position:relative;
}
.header ul li{
        display:inline-block;
        margin:0 30px;
}
.header li a{
        display:block;
        color:#fff;
        font-size:2rem;
}
.header li a:hover{
        color:#000;
        text-decoration:underline;
}
input[type="checkbox"],
.menu{
        position:absolute;
        top:10px;
        left:1.5%;
        display:none;
}
/* 媒体查询 */
@media only screen and (max-width:640px){
    .header ul{
            display:none;
        }
.menu{
            display:block;
            cursor:pointer;
        }
input[type="checkbox"]:checked~ul{
            display:block;
        }
nav ul li{
            display:block;
            width:100%;
            text-align:center;
            padding:5px 0;
        }
}
```

3. banner.css 样式

```
/*banner 广告样式*/
.banner{
    background:url(../img/庐山云雾茶.jpg)no-repeat 0px 0px;
    background-size:cover;
    min-height:400px;
```

```
        overflow:hidden;
}
.banner-info{
        max-width:30%;
        background:rgba(255,255,255,0.65);
        padding:30px;
        float:right;
        margin-top:100px;
         margin-bottom:50px;
}
.banner-info h3{
        font-family:'Droid Serif',serif;
        font-size:1.8rem;
        color:#159400;
}
.banner-info p{
        font-size:1.5rem;
        line-height:2rem;
        color:#000;
        margin:9px 0 15px;
}
.banner-info a{
        display:inline-block;
        padding:7px 15px;
        background:#159400;
        font-size:1.4rem;
        color:#fff;
}
a.button:hover{
        background:#6cd79c;
        text-decoration:underline;
}

@ media(max-width:640px){
.banner{
        min-height: 300px;
    }
.banner-info {
        max-width:50%;
        padding: 10px;
        margin: 50px auto;
        float: none;
    }
.banner-info h3{
        font-size: 1.6rem;
    }
.banner-info p {
        font-size: 1.4rem;
```

```
            line-height:1.8rem;
            margin:9px 0 10px;
        }
    .banner-info a {
            padding:5px 10px;
            font-size:1.2rem;
            }
    }
```

分辨率小于640px，调整 banner 区域的各类元素以适应窗口的改变。

4. .welcome 样式

```
.welcome{
        padding:15px 20px 25px;
        background:rgba(250,250,250,0.65);
        text-align:center;
        font-size:2.5rem;
}
hr.line {
        max-width:120px;
        height:4px;
        background-color:#000;
}
.welcome span{
        font-size:1.6rem;
        color:#999;
}
@ media(max-width:640px){
    .welcome {
            padding:10px 20px 15px;
            font-size:2rem;
        }
    .welcome span {
            font-size:1.4rem;
        }
    }
```

分辨率小于640px，调整 welcome 区域的各类元素以适应窗口的改变。

5. .con 样式

```
.con{
        display:flex;
}
.con>div{
        width:25% ;
}
.box-item{
        border:1px solid #ddd;
        padding:10px;
```

```
        margin:10px;
        text-align:center;
}
.box-item p{
        line-height:1.8rem;
        font-size:1.5rem;
        padding:10px;
        text-align:left;
}
.box-item img{
        box-shadow:3px 4px 5px #ccc;
}
.box-item img:hover{
        opacity:0.5;
}
a.button1{
        cursor:pointer;
        font-size:1.5rem;
        display:inline-block;
        background:seagreen;
        margin:5px auto;
        width:50%;
        color:#fff;
        border-radius:4px;
        padding:8px 0;
}
a.button1:hover{
        opacity:0.6;
}
/*footer*/
.footer{
        padding:20px 15px;
        background:#159400;
        text-align:center;
        color:rgba(255,255,255,0.5);
        font-size:1.3rem;
}
@media(max-width:768px){
        .con{
                flex-wrap:wrap;
        }
        .con>div{
                width:50%;
        }
}
@media (max-width:640px){
        .con>div{
                width:100%;
```

```
    }
    a.button1{
        width:90%;
    }
}
```

con 设置为 flex，每个项目的宽度为 25%，当分辨率小于 768px 时，容器的 flex – wrap 设置为 wrap，项目宽度调整为 50%，小于 640px 时，项目宽度调整为 100%。

6. 最后通过 link 把 HTML 文档与 CSS 文件关联

```
< link rel = "stylesheet" href "css/public.css" >
< link rel = "stylesheet" href = "css/hanb.css" >
< link rel = "stylesheet" href = "css/banner.css" >
< link rel = "stylesheet" href = "css/welcome.css" >
< link rel = "stylesheet" href = "css/con.css" >
```

通过本案例，应学会使用弹性布局，实现响应式页面，掌握视口的设置，通过媒体查询对页面进行调整，保证页面平缓的变化。

本章小结

通过本章的学习，要求读者掌握响应式设计的概念。通过视口的设置使得页面能适应不同终端的屏幕；使用弹性布局或网格布局结合媒体查询实现页面由多列变化成一列；通过媒体查询调整页面中的元素在不同的屏幕终端平缓的变化。读者应该反复练习，理解代码，最终达到设计并制作出响应式的页面的目标。

【动手实践】

网格布局实现案例

1. 通过网格布局实现上述 demo9-13. html 案例。

2. Bootstrap 是一个前端响应式开发框架，官网地址 https：//www. bootcss. com/，请读者试着仿制该网站首页。

【思考题】

1. 什么是视口？移动端有哪几个视口？PC 端是否存在视口？

2. 比较弹性布局与网格布局各自的特点，想想它们的适用场景。

第10章

综 合 案 例

到目前为止，我们已经学习了 HTML 语法、CSS 核心原理、专题技术、响应式设计原理，知道如何运用这些知识制作导航，实现页面布局，美化文字、图像、表格、表单等。接下来，我们学习网站开发的流程，并结合上述知识点来讲解 Web 前端从设计到实现的过程。

📝学习目标

1. 了解网站的开发流程
2. 了解 Web 前端设计的流程
3. 通过案例的分析与实现，能够综合运用所学的知识设计与制作网站

10.1　网站的开发流程

对于网站开发，应该遵循以下几个基本的操作步骤。

1. 确定网站主题及网站内容

首先，要想建一个网站，必须要明确的就是网站的主题，如教育、求职、电商、论坛、资讯、专业技术、某一行业等。

对内容的选择，要做到小而精，即主题定位要小，内容要精，不要去试图建设一个包罗万象的网站，这样往往失去了自己的特色，也会带来更多的工作，给网站的及时更新带来困难。

2. 选择好的域名

域名是网站在互联网上的名字，是网络的门牌号。在选取域名的时候，要遵循以下两个基本原则。

1）域名应该简明易记。这是判断域名好坏最重要的因素，一个好的域名应该尽量短，并且顺口，方便大家记忆，最好让人看一眼就能记住，如"baidu""taobao"。

2）域名要有一定的内涵和意义。用具有一定内涵和意义的词或词组（或汉语拼音）作为域名，既好记，又易于推广，例如，"百度"取自"梦里寻他千百度"，"网易"来自"上网很容易"。

3. 选择服务器技术

在着手网站制作之前，要先确定使用哪种编程语言及数据库，选择哪种服务器技术。目前，网络上比较流行的主要有 PHP、JSP 等语言和 MySPL 等数据库。对于网站建设者来说，可以根据自身的情况，以及所掌握的专业知识，选择适合自己的服务器技术。

4. 确定网站结构

1）栏目与版块的编排。网站的题材确定后，就要对手中收集的材料进行合理编排、

布局。版块也要合理安排与划分，版块要比栏目的概念大一些，每个版块都要有自己的栏目。

2）目录结构。目录的结构对网站的访问者没有什么太大的影响，但对站点本身的维护、以后内容的扩充和移植有着重要的影响，所以目录结构也要仔细考虑。

3）链接结构。网站的链接结构是指页面之间相互链接的拓扑结构。它是建立在目录结构之上的，但可以跨越目录结构。

5. 网站风格

网站风格是指网站的整体形象给浏览者的综合感受，这个整体形象包括站点的 CI（标志、色彩、字体、标语）、版面布局、浏览方式、交互性、文字、语气、内容价值等因素。根据网站的内容、定位选择不同的风格。

6. 数据库规化

网站需要什么规模的数据库，以及什么类型的数据库，这些确定之后，就可以设计数据库的结构了。数据库的结构和字段设计要严谨，需要用户学习相关的数据库专业知识。对于大型网站来讲，是由专职的数据架构师和数据库管理人员来设计的。

7. 后台开发

编写后台程序是网站开发的核心部分。编写网站后台程序需要处理大量复杂的逻辑问题，同时需要处理各种数据，在数据库中执行读取、写入库、修改、删除数据等操作。网站后台程序是网站的骨骼，骨骼是否强壮，直接影响日后网站的运行。

8. 前端开发

前端开发主要是指将网站的内容呈现到浏览者的眼中。前端开发的好坏与否直接影响用户对网站的体验。随着访客对网站易用性要求的增加，前端程序开发显得越来越重要了，大型网站或者项目都有专业的前端开发人员，以便更好地为用户服务。

9. 网站测试

网站测试与修改是必不可少的，因为任何一个软件的开发都是存在漏洞的，网站开发也同样如此。网站测试时，可以先在自己的主机上进行运行测试，也可以先上线，然后在运行过程中不断修改和完善。

10. 发布网站

网站建设完成之后就可以发布了，通过 FTP 软件上传到远程服务器上（对于初学者，一般会选择虚拟主机），然后为网站空间绑定域名，进行域名解析，这样人们就可以通过网址来访问网站了。

11. 网站推广

网站推广在网站运营过程中占据了重要的地位，网站链接到互联网上之后，如果不去宣传，别人是不会知道该网站的，同样也不会有人来访问该网站。推广方式是多种多样的，有付费的推广（如搜索引擎推广），也有免费的推广（如交换链接、社交网站推广等）。

12. 网站日常维护

网站内容不可能一成不变，要经常对网站内容进行更新，只有这样才可以带来更多的浏览者。

大型的网站建设是一个系统工程，涉及多人的分工合作。本书介绍的只是其中的一部分：前端的设计。下面通过案例来详细讲解前端页面从设计到开发、实现的过程。

10.2 Web 前端设计

10.2.1 Web 前端设计的流程

网站的前端设计要遵循的原则是 Web 标准，即页面的结构、表现形式、交互效果三者是分离的。遵循 Web 标准进行前端设计的流程如图 10-1 所示。

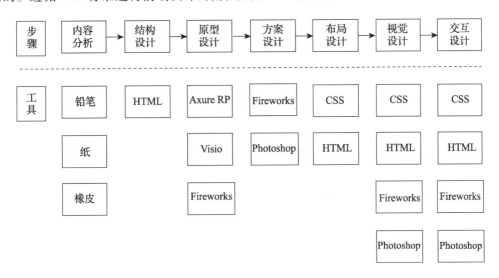

图 10-1 前端设计流程图

我们以一个案例来进行分析讲解。例如，网站的名称为"新余味道"，主要介绍、销售新余地区的各类美食，在 PC 端、平板计算机端、手机端的效果分别如图 10-2 ~ 图 10-4 所示。

10.2.2 内容分析

根据客户给出的图片、文字、视频、音频等资料进行内容分析，明确网站的定位、面向的消费群体，由此明确网站栏目及各栏目的内容：各种信息的重要性、各种信息的组织架构等。确定网站名称和 Logo 标志。

以"新余美食街"网站为例，明确网站的定位为电商类网站，宗旨是在线销售新余的地方特产，由此确定网站主导航栏目，并给网站取名为"新余味道"。一般餐饮、电商类网站都是选用暖色系列，所以网站的 Logo 设计采用了"橙色"。

10.2.3 结构设计

分析页面的内容，使用 HTML 标签标记不同的信息元素。在搭建文档结构时应该注意以下几点：

1）标签的使用要正确，能明确标记信息元素。

2）代码中尽量先不出现布局标记，如 div 等（因为 div 不具有语义）。

3）根据内容的重要性，把重要的内容放在 HTML 文档前面，因为搜索引擎会更加重视靠近顶部的代码。

特色/美食/特色菜

特色/美食/水果

新余/美食/特色

图10-2 PC端效果图

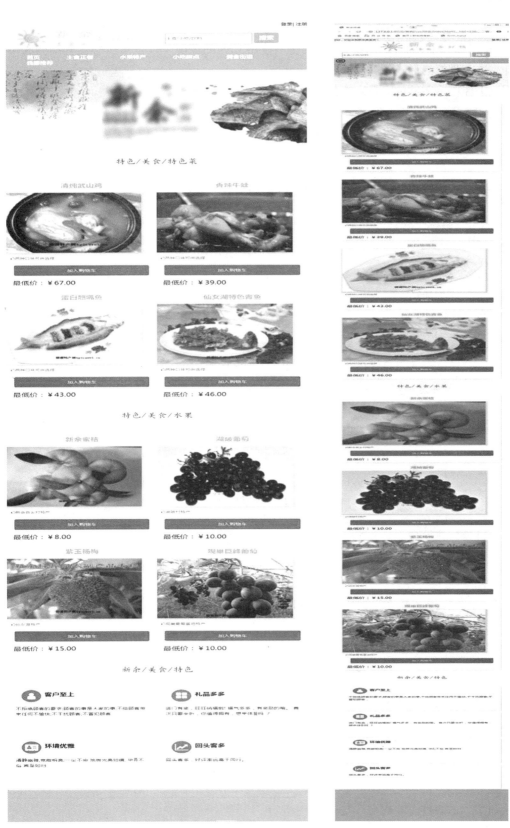

图 10-3　平板计算机端效果图　　　　　图 10-4　手机端效果图

4）相同的栏目内容用相同的标签，有规律的文字可以采用列表来组织。

5）对于任何一个页面，应尽可能保证在不使用 CSS 的情况下，依然保持良好结构和可读性，即标准文件流的形式。

根据以上原则，案例的 HTML 文档结构如下。

标准结构文档 .html：

```html
<! DOCTYPE html >
<html >
  <head >
    <meta charset = "UTF -8 " >
    <title >新余味道 </title >
    <link rel = "stylesheet" href = "css/font -awesome.min.css" />
  </head >
  <body >
  <body >
  <! --页眉部分 -- >
  <header >
    <! --次导航 -- >
    <div >
        <span >您好,欢迎来到新余美食街! </span >
    </div >
        <a href = "#" >登录 </a >
        <a href = "#" >注册 </a >
        <! --搜索栏 -- >
        <div >
        <img src = "img/logo.jpg" alt = "" />
        <input type = "text" placeholder = "主食/小吃/饮料" />
        <input type = "button" value = "搜索" />
        </div >
    <! --主导航 -- >
    <nav >
      <input type = "checkbox" id = "togglebox" />
      <ul >
        <li > <a href = "index.html" >首页 </a > </li >
        <li > <a href = "#" >主食正餐 </a > </li >
        <li > <a href = "#" >水果特产 </a > </li >
        <li > <a href = "#" >小吃甜点 </a > </li >
        <li > <a href = "#" >美食街道 </a > </li >
        <li > <a href = "#" >我要推荐 </a > </li >
      </ul >
      <label for = "togglebox" class = "menu" >
        <img src = "img/menu.png" alt = "汉堡图标" />
      </label >
    </nav >
  </header >
  <! --广告栏 -- >
  <div class = "banner" >广告栏 </div >
      <h3 >特色/美食/特色菜 </h3 >
```

```
<h3>清炖武山鸡</h3>
<img src="img/美食/蔬菜/1.gif" alt="" />
<p><i class="fa fa-thumbs-o-up"></i>两种口味可供选择</p>
<a class="morebtn" href="#">加入购物车</a>
<h6>最低价:¥67.00</h6>
<h3>香辣牛蛙</h3>
<img src="img/美食/蔬菜/2.gif" alt="" />
<p><i class="fa fa-thumbs-o-up"></i>两种口味可供选择</p>
<a class="morebtn" href="#">加入购物车</a>
<h6>最低价:¥39.00</h6>
<h3>蛋白翘嘴鱼</h3>
<img src="img/美食/蔬菜/3.gif" alt="" />
<p><i class="fa fa-thumbs-o-up"></i>两种口味可供选择</p>
<a class="morebtn" href="#">加入购物车</a>
<h6>最低价:¥43.00</h6>
<h3>仙女湖特色青鱼</h3>
<img src="img/美食/蔬菜/4.gif" alt="" />
<p><i class="fa fa-thumbs-o-up"></i>两种口味可供选择</p>
<a class="morebtn" href="#">加入购物车</a>
<h6>最低价:¥46.00</h6>
<!-- 主体2——特色水果 -->
<h3>特色/美食/水果</h3>
<h3>新余蜜桔</h3>
<img src="img/美食/水果/1.jpg" alt="" />
<p><i class="fa fa-thumbs-o-up"></i>新余各乡村特产</p>
<a class="morebtn" href="#">加入购物车</a>
<h6>最低价:¥8.00</h6>
<h3>湖陂葡萄</h3>
<img src="img/美食/水果/2.jpg" alt="" />
<p><i class="fa fa-thumbs-o-up"></i>湖陂村特产</p>
<a class="morebtn" href="#">加入购物车</a>
<h6>最低价:¥10.00</h6>
<h3>紫玉杨梅</h3>
<img src="img/美食/水果/3.jpg" alt="" />
<p><i class="fa fa-thumbs-o-up"></i>仙女湖特产</p>
<a class="morebtn" href="#">加入购物车</a>
<h6>最低价:¥15.00</h6>
<h3>观巢巨峰葡萄</h3>
<img src="img/美食/水果/4.jpg" alt="" />
<p><i class="fa fa-thumbs-o-up"></i>观巢葡萄基地特产</p>
<a class="morebtn" href="#">加入购物车</a>
<h6>最低价:¥10.00</h6>
<h3>新余/美食/特色</h3>
<!-- 主体3——特点 -->
<span class="fa-stack fa-2x">
  <i class="fa fa-circle fa-stack-2x"></i>
  <i class="fa fa-user fa-stack-1x fa-inverse"></i>
</span>
```

```html
<h4>客户至上</h4>
<p>不拒绝顾客的要求;顾客的事是大家的事;不给顾客带来任何不愉快;不干扰顾客;不冒犯顾客.</p>
    <span class="fa-stack fa-2x">
        <i class="fa fa-circle fa-stack-2x"></i>
        <i class="fa fa-th-large fa-stack-1x fa-inverse"></i>
    </span>
    <h4>礼品多多</h4>
        <p>进门有奖,旺旺纳福啦!
        福气多多,有奖励的哦。
        首次只要半折,你值得拥有,想来体验吗? </p>
    <span class="fa-stack fa-2x">
        <i class="fa fa-circle fa-stack-2x"></i>
        <i class="fa fa-address-card fa-stack-1x fa-inverse"></i>
    </span>
    <h4>环境优雅</h4>
    <p>清静幽雅,宽敞明亮;一尘不染地板光亮如镜, 华而不俗宾至如归</p>
        <span class="fa-stack fa-2x">
            <i class="fa fa-circle fa-stack-2x"></i>
            <i class="fa fa-line-chart fa-stack-1x fa-inverse"></i>
        </span>
    <h4>回头客多</h4>
    <p>回头客多,好评率远高于同行。</p>


<!--页脚-->
<footer>
    <h4>友情链接</h4>
        <ul>
        <li><a href="http://www.dianping.com/xinyu/food">大众点评网</a></li>
            <li><a href="http://www.lvmama.com/">驴妈妈旅游网</a></li>
            <li><a href="www.0790tg.com">新余团购网</a></li>
        <h4>版权声明</h4>
        <ul>
        <li><a href="#">版权所有者:xxxx</a></li>
        <li><a href="#">o;本站所有资源仅供学习与参考,请勿用于商业用途</a></li>
        </ul>
    <h4>关注我们</h4>
        <ul>
        <li><a href="#"><img src="img/小图标/logo.jpg" width="15" height="16"/>手机端</a></li>
            <li><a href="#"><imgsrc="img/小图标/logo2.gif" width="15" height="14"/>PC端</a></li>
        <imgsrc="img/小图标/logo3.jpg" width="50" height="50"/>
        </ul>
</footer>
```

```
</body>
</html>
```

从图 10-2～图 10-4 可以看到，页面使用了小图标。在这里，我们没有用图像文件，而是使用了字体图标工具 Font Awesome。Font Awesome 是一款免费开源的软件，它提供一套可缩放的矢量图标，可以使用 CSS 对图标的所有特征进行修改，包括大小、颜色、阴影或者其他任何支持的效果。

1. 下载

下载网址为 http://www.fontawesome.com.cn/。解压缩后，有 4 个文件夹，只需把其中的 css 和 fonts 这两个文件夹复制到项目中就可以使用。

2. 使用

在页面中使用了字体图标，首先应该在文档头部导入 font-awesome.min.css，代码如下：

```
<link rel = "stylesheet" href = "css/font-awesome.min.css" />
```

一般把图标样式挂在一对 <i> 标签中，先加载 fa 类，再加载相应的图标类。例如：

```
<i class = "fa fa-thumbs-o-up" > </i>
```

此时可以得到 👍 图标。具体要使用什么类型的图标，可以在图标库中查找，只要加载图标相对应的类名就可以。

图标还可以组合使用：例如：

```
<span class = "fa-stack fa-2x ">
<i class = "fa fa-circle fa-stack-2x" > </i>
<i class = "fa fa-user fa-stack-1x fa-inverse" > </i>
</span>
```

此时的图标效果是 👤 ，就是两个图标的组合。具体的使用方法可以参考该网站的"案例"栏目。

10.2.4 原型设计

所谓原型设计，就是用线框图把构思、设计展示出来，它最主要的作用是对网站的完整功能和内容进行全面的分析。它是团队内部沟通的桥梁，也是与客户沟通的重要手段。原型设计可以用纸和笔，也可以用 Fireworks 或 Photoshop 等图像处理工具，还可以使用专业的原型设计工具。

本章案例的线框图如图 10-5 所示。

在线框图得到各方的认可后，根据线框图用 Photoshop 制作效果图，把线框图中涉及的图片、文字、按钮等都内容化，效果图如图 10-2 所示。

10.2.5 布局设计

根据线框图，对 HTML 文档用 <div> 标签进行分块布局，取好相应的类名，进行大块区域划分。对案例中的页面粗略划分，给定类名，如图 10-6 所示。

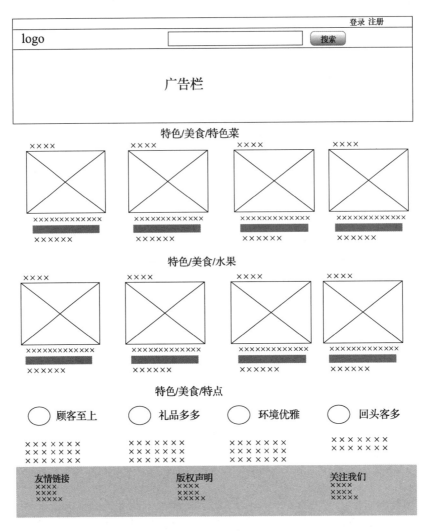

图 10-5 线框图

如图 10-7 所示，对页眉部分细分，分为上、中、下 3 部分：上部为 .top 类，分左、右两块；中部为 .logo 类，也分左、右两块；下部为 .nav 汉堡菜单。

如图 10-8 所示，对 .con 类进行细分，可以分为 4 块，因为这 4 块的表现形式相同，取相同的类名：item 和 txt。

最后对页脚进行细分，也是分 3 块，左、右、中，由于 3 块表现相同，因此取相同的类名 linkbox，如图 10-9 所示。

这样得到了布局的文档"布局.html"，代码如下：

```
<body>
    <!--页眉部分-->
    <header class="header">
        <!--次导航-->
        <div class="top">
            <span>您好,欢迎来到新余美食街!</span>
            <div class="topright">
```

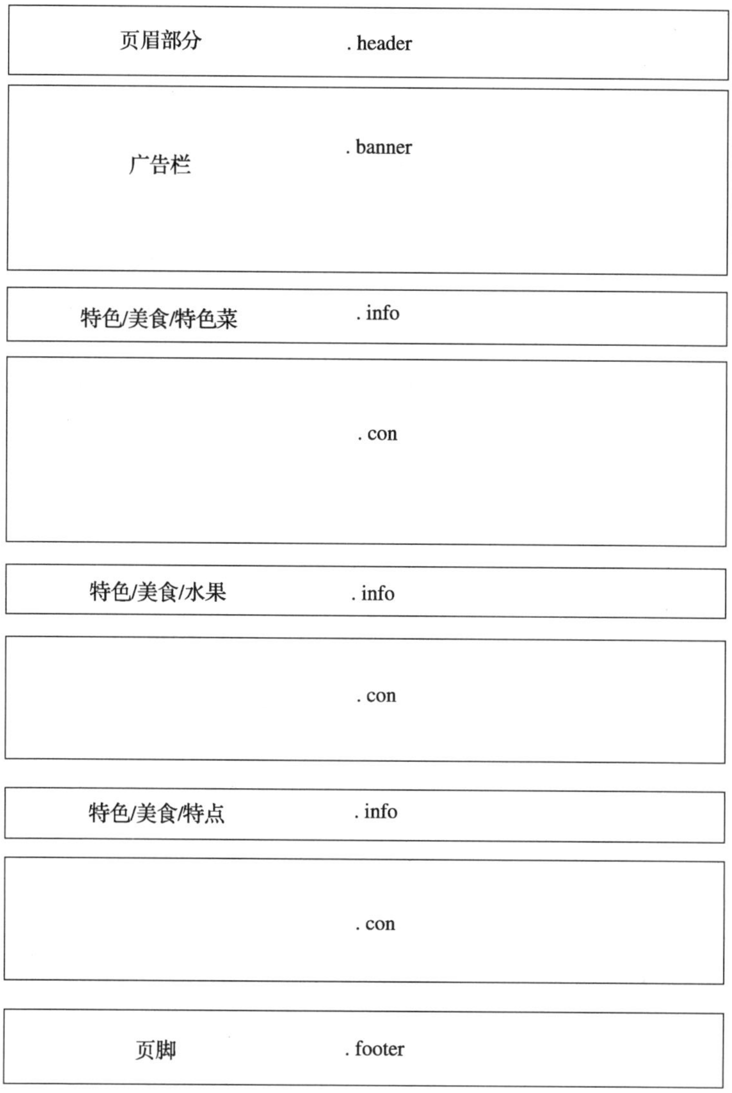

页眉部分　　　　　. header

广告栏　　　　　　. banner

特色/美食/特色菜　　　　. info

. con

特色/美食/水果　　　　. info

. con

特色/美食/特点　　　　. info

. con

页脚　　　　　　. footer

图 10-6　页面划分区块

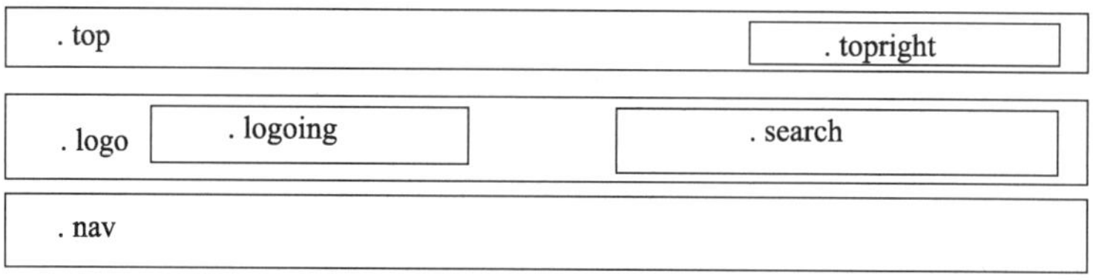

. top　　　　　　　　　　　　. topright
. logo　. logoing　　　. search
. nav

图 10-7　页眉的划分

```
     <a href = "#" >登录</a>
     <a href = "#" >注册</a>
   </div>
</div>
<! - -搜索栏 - ->
```

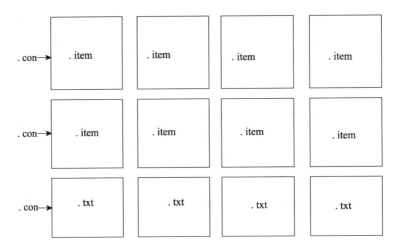

图 10-8　主体的划分

图 10-9　页脚的划分

```
<div class="logo">
  <div class="logoimg">
    <img src="img/logo.jpg" alt="" />
  </div>
  <div class="search">
    <input type="text" placeholder="主食/小吃/饮料" />
    <input type="button" value="搜索" />
  </div>
</div>
<!--主导航-->
<nav class="nav">
  <input type="checkbox" id="togglebox" />
  <ul>
    <li><a href="index.html">首页</a></li>
    <li><a href="#">主食正餐</a></li>
    <li><a href="#">水果特产</a></li>
    <li><a href="#">小吃甜点</a></li>
    <li><a href="#">美食街道</a></li>
    <li><a href="#">我要推荐</a></li>
  </ul>
  <label for="togglebox" class="menu">
    <img src="img/menu.png" alt="汉堡图标" />
  </label>
</nav>
</header>
<!--广告栏-->
```

```
<div class = "banner" >
</div >

<div class = "info" >
  <h3 >特色/美食/特色菜 </h3 >
</div >
<! --主体——1 -- >
<div class = "con" >
  <div class = "item" >
    <h3 >清炖武山鸡 </h3 >
    <img src = "img/美食/蔬菜/1.gif"  alt = "" />
    <p > <i class = "fa fa-thumbs-o-up" > </i >两种口味可供选择 </p >
    <a class = "morebtn" href = "#" >加入购物车 </a >
    <h6 >最低价:￥67.00 </h6 >
  </div >
  <div class = "item" >
    <h3 >香辣牛蛙 </h3 >
    <img src = "img/美食/蔬菜/2.gif"  alt = "" />
    <p > <i class = "fa fa-thumbs-o-up" > </i >两种口味可供选择 </p >
    <a class = "morebtn " href = "#" >加入购物车 </a >
    <h6 >最低价:￥39.00 </h6 >
  </div >
  <div class = "item" >
    <h3 >蛋白翘嘴鱼 </h3 >
    <img src = "img/美食/蔬菜/3.gif"  alt = "" />
    <p > <i class = "fa fa-thumbs-o-up" > </i >两种口味可供选择 </p >
    <a class = "morebtn " href = "#" >加入购物车 </a >
    <h6 >最低价:￥43.00 </h6 >
  </div >
  <div class = "item" >
    <h3 >仙女湖特色青鱼 </h3 >
    <img src = "img/美食/蔬菜/4.gif" alt = "" />
    <p > <i class = "fa fa-thumbs-o-up" > </i >两种口味可供选择 </p >
    <a class = "morebtn " href = "#" >加入购物车 </a >
    <h6 >最低价:￥46.00 </h6 >
  </div >
</div >
<! --主体2——特色水果 -- >
<div class = "info" >
  <h3 >特色/美食/水果 </h3 >
</div >
<div class = "con" >
  <div class = "item" >
    <h3 >新余蜜桔 </h3 >
    <img src = "img/美食/水果/1.jpg"  alt = "" />
    <p > <i class = "fa fa-thumbs-o-up" > </i >新余各乡村特产 </p >
    <a class = "morebtn" href = "#" >加入购物车 </a >
    <h6 >最低价:￥8.00 </h6 >
  </div >
  <div class = "item" >
```

```
    <h3>湖陂葡萄</h3>
    <img src="img/美食/水果/2.jpg" alt="" />
    <p><i class="fa fa-thumbs-o-up"></i>湖陂村特产</p>
    <a class="morebtn" href="#">加入购物车</a>
    <h6>最低价：¥10.00</h6>
</div>
<div class="item">
    <h3>紫玉杨梅</h3>
    <img src="img/美食/水果/3.jpg" alt="" />
    <p><i class="fa fa-thumbs-o-up"></i>仙女湖特产</p>
    <a class="morebtn" href="#">加入购物车</a>
    <h6>最低价：¥15.00</h6>
</div>
<div class="item">
    <h3>观巢巨峰葡萄</h3>
    <img src="img/美食/水果/4.jpg" alt="" />
    <p><i class="fa fa-thumbs-o-up"></i>观巢葡萄基地特产</p>
    <a class="morebtn" href="#">加入购物车</a>
    <h6>最低价：¥10.00</h6>
</div>
</div>
<div class="info">
    <h3>新余/美食/特色</h3>
</div>
<!--主体3——特点-->
<div class="con">
    <div class="txt">
        <span class="fa-stack fa-2x">
            <i class="fa fa-circle fa-stack-2x"></i>
            <i class="fa fa-user fa-stack-1x fa-inverse"></i>
        </span>
        <h4>客户至上</h4>
        <p>不拒绝顾客的要求；顾客的事是大家的事；不给顾客带来任何不愉快；不干扰顾客；不
冒犯顾客．</p>
    </div>
    <div class="txt">
        <span class="fa-stack fa-2x">
            <i class="fa fa-circle fa-stack-2x"></i>
            <i class="fa fa-th-large fa-stack-1x fa-inverse"></i>
        </span>
        <h4>礼品多多</h4>
        <p>进门有奖，旺旺纳福啦！
        福气多多，有奖励的哦。
        首次只要半折，你值得拥有，想来体验吗？</p>
    </div>
    <div class="txt">
        <span class="fa-stack fa-2x">
            <i class="fa fa-circle fa-stack-2x"></i>
            <i class="fa fa-address-card fa-stack-1x fa-inverse"></i>
        </span>
```

```
    <h4>环境优雅</h4>
    <p>清静幽雅,宽敞明亮;一尘不染地板光亮如镜,华而不俗宾至如归</p>
  </div>
  <div class="txt">
    <span class="fa-stack fa-2x">
      <i class="fa fa-circle fa-stack-2x"></i>
      <i class="fa fa-line-chart fa-stack-1x fa-inverse"></i>
    </span>
    <h4>回头客多</h4>
    <p>回头客多,好评率远高于同行。</p>
  </div>
</div>
<!--页脚-->
<footer class="footer">
  <div class="linkbox">
  <h4>友情链接</h4>
    <ul>
    <li><a href="http://www.dianping.com/xinyu/food">大众点评网</a></li>
      <li><a href="http://www.lvmama.com/">驴妈妈旅游网</a></li>
      <li><a href="www.0790tg.com">新余团购网</a></li>
      </ul>
  </div>
  <div class="linkbox">
    <h4>版权声明</h4>
    <ul>
    <li><a href="#">版权所有者:xxxx</a></li>
    <li><a href="#">o;本站所有资源仅供学习与参考,请勿用于商业用途</a></li>
      </ul>
  </div>
  <div class="linkbox ">
  <h4>关注我们</h4>
  <ul>
    <li><a href="#"><img src="img/小图标/logo.jpg" width="15" height="16" />手机端</a></li>
      <li><a href="#"><img src="img/小图标/logo2.gif" width="15" height="14" />PC端</a></li>
    <img src="img/小图标/logo3.jpg" width="50" height="50" />
    </ul>
    </div>
  </footer>
  </body>
```

10.2.6 公共样式文件

在用 CSS 实现页面表现形式之前，应该先把 HTML 标签的默认样式清除，以避免样式的层叠与冲突，这对每一个页面都是一样的，因此可以写成一个公共样式文件 public.css，把它链接到任何一个页面。一般的公共样式文件如下：

```
* {
    padding:0;
    margin:0;
}
html,body{
    width:100% ;
    height:100% ;
    font - size:62.5% ;
    font - family:arial;
}
a{
    text - decoration:none;
    color:#000000;
}
ul,li{
    list - style - type:none
}
img{
    border:0;
    max - width:100% ;
    height:auto;
}
input{
    outline:none;
    border:none;
}
.clearfix{
    clear:both;
}
.clearfix:after{
    display:block;
    content:".";
    clear:both;
    height:0;
    visibility:hidden;
}
```

把 public. css 链接到 HTML 文档：

```
< link rel = "stylesheet" href = "css/public.css" />
```

10. 2. 7　详细设计

详细设计分为页眉 header. css、汉堡菜单 hanb. css、主体 main. css、页脚 footer. css 和媒体查询 media. css 五部分，用 link 标签和 index. html 文件关联，代码如下：

```
< link rel = "stylesheet" href = "css/header.css" >
< link rel = "stylesheet" href = "css/hanb.css" >
< link rel = "stylesheet" href = "css/main.css" >
< link rel = "stylesheet" href = "css/footer.css" >
< link rel = "stylesheet" href = "css/media.css" >
```

1. 页眉设计

页眉分 3 部分, 上部的 .top 类可以把 .topright 设置向右浮动, 实现元素的左右排列。中部的 .logo 类把 display 设置为 flex, 则两个子元素为弹性子元素, 扩展比率分别设置为 1 和 2, 其中输入框和按钮的设置可以参考表单美化的知识。下部为汉堡菜单, 在第 9 章已经学习了。

代码如下:

```css
.header,.info,.banner,.con,.footer{
    width:100%;
    box-sizing:border-box;
    /* 容器都采用边框盒子模型 */
}

/* .header */
/* 次导航的设置 */
.top{
    background:#f0f0f0;
    height:30px;
    line-height:30px;
}
.top span{
    font-size:1.2rem;
}
.topright{
    float:right;
}
.topright a:hover{
    color:#F0AD4E;
}

/* .logo 搜索栏的设置 */
.logo{
    display:flex;
    flex-flow:row nowrap;
    align-items:flex-start;
}
/* 把 logo 设置为弹性盒子 */
.logo img{
    order:1;
    flex-grow:1;
    margin:auto;
}
.search{
    order:2;
    flex-grow:2;
    margin:auto;
}
/* 搜索框的样式设置 */
input[type="text"]{
    width:60%;
```

```
        height:40px;
        border:2px solid orange;
        border - radius:4px;
}
input[type = "text"]:focus{
        border - color:#f00;
}
/* 搜索按钮的设置 */
input[type = "button"] {
        width:60px;
        height:40px;
        border - radius:4px;
        background: orange;
        color:#fff;
        font - size:1.8rem;
        font - weight:bold;
        cursor:pointer;
}
input[type = "button"]:hover{
        background:rgba(255,200,100,0.5) ;
}
/*汉堡菜单 */
.nav{
        background: orange;
        padding:20px;
        position:relative;
}
.nav ul li{
        display:inline - block;
        margin:0 30px;
}
.nav li a{
        display:block;
        color:#fff;
        font - size:1.6rem;
        font - weight:bold;
}
.nav li a:hover{
        color:#f00;
        text - decoration:underline;
}
input[type = "checkbox"],
.menu{
        position:absolute;
        top:3px;
        left:1.5% ;
        display:none;
}
```

2. 主体设计

1）. info 类的设置。

```css
/* . banner 广告栏的样式 */
.banner {
    width:100% ;
    background:url(../img/2.jpg)no-repeat 0px 0px;
    background-size:cover;
    min-height:400px;
    overflow:hidden;
}
.info{
    padding:20px 20px 30px;
    background:rgba(250,250,250,0.65);
    text-align: center;
    font-size:2.5rem;
}
.info h3{
    font-size:2.5rem;
    font-weight:400;
    padding:20px;
    font-family:"楷体";
}
```

2）. con 类的设置。. con 容器的设置关键点在于把 display 设置为 flex，其中的 4 个子元素平均分布，居中对齐，把 a 设置成按钮的形式。

```css
/*.con 主体容器的样式,容器设置为弹性盒模型 */
.con{
    display:flex;
    flex-flow:row nowrap;
    justify-content: center;
    margin:0 auto;
}
/* 主体元素的样式 */
.item{
    flex-grow:1;
    box-shadow:2px 3px 4px #ddd;
    align-self: center;
    margin:0 1rem;
}
.item h3{
    padding:15px 10px;
    color:#ff9900;
    text-align: center;
    font-size:2rem;
}
.item img{
    width:90% ;
```

```
        height:auto;
        box - shadow:2px 3px 4px 5px #DCDCDC;
}
.item p{
        color:#398439;
        font - size:1.2rem;
        padding:10px;
}
.morebtn{
        display:block;
        width:90% ;
        height:40px;
        border - radius:4px;
        color:#fff;
        background:rgba(200,0,0,0.8);
        line - height:40px;
        text - align: center;
        margin:10px auto;
}
.morebtn:hover{
        background:rgba(200,0,0,0.6);
        }
.item h6{
        font - size:2rem;
        margin:15px;
        font - weight:400;
}
```

3）.txt 类的设置。这里修改了字体图标的颜色，并加了交互的效果。

```
/* 主体 3 个子元素的样式 */
.txt{
        flex - grow:1;
        width:10% ;
        min - height:200px;
        box - shadow:3px 3px 4px #DCDCDC;
        margin:10px 20px;
        align - self:center;
}

.txt h4{
        display:inline - block;
        text - align: center;
        font - size:1.6rem;
        margin - top:10px;
}
.txt p{
        line - height:200% ;
        padding:10px;
```

```
    font-size:1.4rem;
    text-indent:2rem;
}
/* 主体3个子元素的样式利用了字体图标 */
.fa-stack{
    color:olivedrab;
    margin-left:30px;
}

.fa-stack:hover{
    color: orange;
}
```

3. 页脚的设计

页脚 .footer 的 display 也设置成 flex，居中对齐。

```
/* footer 的样式 */
.footer{
    display:flex;
    flex-flow:row nowrap;
    justify-content: center;
    background:#FfAC28;
}

.linkbox{
    flex-grow:1;
    width:30% ;
    height:auto;
    margin:20px 20px 0;
    align-items: center;
}

.linkbox h4{
    color:#eee;
    font-size:1.2rem;
}

.linkbox ul li{
    line-height:1.6rem;
}

.linkbox li a{
    font-size:1.2rem;
    color:#fff;
}
```

4. 媒体查询部分

在分辨率小于 768px 时，对导航栏目的间距、广告栏高度进行修改，对主体布局进行调整，将4列布局变为两列布局。

```
@media only screen and (max-width:768px){
.nav ul li{
    display:inline-block;
    margin:0 20px;
}
.banner {
    min-height:300px;
    overflow:hidden;
}
.info,.con{
flex-flow:row wrap;
}
.item,.txt{
    width:45% ;
    margin:0px auto;


}
}
```

在分辨率小于 640px 时，实现汉堡菜单，对弹性盒模型进行调整，变为 y 轴排列，将两列布局变为一列布局。

```
/* 汉堡菜单 */
@media only screen and (max-width:640px){
    .header .nav ul{
      display:none;
    }

    .menu{
      display:block;
    }

    input[type="checkbox"]:checked ~ul{
      display:block;
    }
nav ul li{
    display:block;
    width:100% ;
    text-align: center;
    padding:10px 0;
    }

    nav li a{
      font-size:1.4rem;
    }
input[type="text"] {
    width:80% ;
}
.banner{
```

```
        min-height:200px;
        overflow:hidden;
    }
    .logo,.info,.con,.footer{
        display:flex;
        flex-flow:column;
    }
    .search,.item,.txt,.linkbox{
        width:90%;
        margin:5px auto;
    }
}
```

完整的代码可以参考 index. html、index. css 和 public. css 这几个文件。

本章小结

本章从建站者角度介绍了网站开发的一般流程，通过一个案例，讲解了 Web 前端从设计到实现的全过程。目的是让读者能综合运用所学知识，独立设计并制作有一定专业水平的页面。

【动手实践】

1. 请把上述案例用 grid 布局来实现。

2. 动手设计并制作一个网站，要求如下：

1）主题鲜明，内容丰富，建议选题单一、明确，不要大而空。

2）原创内容丰富，能体现网站的主题思想，文字流利通畅，图像与内容相符。

3）版面布局合理，色彩搭配和谐，整体风格统一，浏览方便，页面美观大方。

4）能实现响应式设计。

5）合理规划目录，首页文件名为 index. html。

6）具有4~5个页面，二级页面风格统一，公共样式文件 public. css 独立。所有的 CSS 样式统一以文件的形式保存，以链接的方式加载到 HTML 文档中。

【思考题】

1. 如何根据网站题材确定网站的主题色、配色？

2. 如何根据网站主题确定网站栏目？

3. 如何给自己设计的网站起一个有意义的域名？

字体图标的使用

【知识拓展】

Font Awesome 是一个免费开源的字体图标插件，它提供一套可缩放的矢量图标，可以设置图标的大小、颜色、阴影等多种 CSS 样式，读者可以查阅文档掌握它的使用方法。（对应微课）

参 考 文 献

［1］唐彩虹. Web 前端技术项目式教程：HTML5 + CSS3 + Flex + Bootstrap ［M］. 北京：人民邮电出版社，2023.

［2］前沿科技　温谦. HTML5 + CSS3 + JavaScript Web 开发案例教程 ［M］. 北京：人民邮电出版社，2022.

［3］黑马程序员. 响应式 Web 开发项目教程：HTML5 + CSS3 + Bootstrap ［M］. 2 版. 北京：人民邮电出版社，2021.

［4］吕云翔. HTML5 基础与实践教程 ［M］. 北京：机械工业出版社，2020.